Soziale Kompetenzen fördern

**Praxis der Personalpsychologie**
Human Resource Management kompakt
Band 10

Soziale Kompetenzen fördern
von Prof. Dr. Uwe Peter Kanning

---

Herausgeber der Reihe:

Prof. Dr. Heinz Schuler, Dr. Rüdiger Hossiep,
Prof. Dr. Martin Kleinmann, Prof. Dr. Jörg Felfe

Begründer der Reihe:

Heinz Schuler, Rüdiger Hossiep, Martin Kleinmann, Werner Sarges

# Soziale Kompetenzen fördern

von

Uwe Peter Kanning

2., überarbeitete Auflage

HOGREFE
GÖTTINGEN · BERN · WIEN · PARIS · OXFORD · PRAG
TORONTO · BOSTON · AMSTERDAM · KOPENHAGEN
STOCKHOLM · FLORENZ · HELSINKI · SÃO PAULO

*Prof. Dr. Uwe Peter Kanning*, geb. 1966. Studium der Psychologie in Münster und an der Universität Canterbury. 1997 Promotion. 2007 Habilitation. Seit 2009 Professor für Wirtschaftspsychologie an der Hochschule Osnabrück. Forschungsschwerpunkte: Personaldiagnostik, Soziale Kompetenzen, unseriöse Methoden der Personalarbeit.



**Bibliografische Information der Deutschen Nationalbibliothek**
Die Deutsche Nationalbibliothek verzeichnet diese Publikation in der Deutschen Nationalbibliografie; detaillierte bibliografische Daten sind im Internet über http://dnb.dnb.de abrufbar.

Die 1. Auflage ist unter dem Titel *Soziale Kompetenzen* erschienen.


Göttingen · Bern · Wien · Paris · Oxford · Prag · Toronto · Boston
Amsterdam · Kopenhagen · Stockholm · Florenz · Helsinki · São Paulo
Merkelstraße 3, 37085 Göttingen

**http://www.hogrefe.de**
Aktuelle Informationen · Weitere Titel zum Thema · Ergänzende Materialien

---

Umschlagbild: © Bildagentur Mauritius GmbH
Satz: ARThür Grafik-Design & Kunst, Weimar
Druck: AZ Druck und Datentechnik, Kempten
Printed in Germany
Auf säurefreiem Papier gedruckt

Print: ISBN 978-3-8017-2697-3
E-Book-Formate: 978-3-8409-2697-6 (PDF), 978-3-8444-2697-7 (EPUB)
http://doi.org/10.1026/02697-000

# Inhaltsverzeichnis

Karten:

# 1 Soziale Kompetenz – Konzept und Bedeutung

Seit Jahrzehnten findet das Konzept der sozialen Kompetenz sowohl in der personalpsychologischen Forschung (z. B. Blickle & Solga, 2014; Borman, Penner, Allen & Motowidlo, 2001; Emmerling & Boyatzis, 2012) und populärwissenschaftlichen Publikationen (z. B. Faix & Laier, 1991; Goleman, 2007) – also auch in der praktischen Personalarbeit (z. B. Kanning, 2007) – zunehmende Beachtung. Dabei werden häufig teilsynonyme Begriffe wie etwa *soft skills* oder *emotionale Intelligenz* verwendet.

Faix und Laier (1991) sehen in der sozialen Kompetenz das „Potential zum unternehmerischen und persönlichen Erfolg" eines Menschen. Ja mehr noch, sie erscheint ihnen gleichsam als das „Lebenselixier der Wirtschaft" (S. 41). Ein wenig nüchterner mag die Sichtweise in vielen Personalabteilungen sein. Doch kaum ein Personalchef wird heute wohl in Zweifel ziehen, dass soziale Kompetenzen – also beispielsweise Teamfähigkeit oder Konfliktfähigkeit – in solchen Berufen, in denen Mitarbeiter mit anderen Menschen kommunizieren müssen, von elementarer Bedeutung sind. Ein Blick auf die Stellenanzeigen des Internets oder überregionaler Zeitungen bestätigt diesen Eindruck. Neben fachlichen Qualifikationen und Leistungsmotivation verzichtet kaum eine Stellenausschreibung darauf, soziale Kompetenzen bei den Bewerbern einzufordern (vgl. Crisand, 2002). Die zunehmende Verbreitung von Assessment-Centern (Schuler, Hell, Trapmann, Schaar & Boramir, 2007) unterstreicht den Eindruck, dass insbesondere bei der Besetzung wichtiger Positionen den sozialen Kompetenzen eine herausragende Bedeutung zukommt, und auch die Bemühungen der Personalentwicklung richten sich in starkem Maße vor allem auf Verbesserungen im Sozialverhalten (z. B. Führung, Konflikt, Verhandlungen, Kundenberatung; Kanning, 2014a).

Im vorliegenden Kapitel gehen wir zunächst der Frage nach, was unter dem Begriff der sozialen Kompetenz zu verstehen ist, worin der Unterschied zwischen Kompetenz und Verhalten besteht und welche Facetten zu unterscheiden sind. Anschließend geht es um eine Abgrenzung zu mitunter prominenten Alternativkonzepten, wie etwa der emotionalen Intelligenz, um dann in einem letzten Schritt Befunde aus der Forschung zu präsentieren, die uns verdeutlichen, welche wichtige Rolle soziale Kompetenzen im Berufsalltag spielen.

## 1.1 Definitionen

Die psychologische Forschung beschäftigt sich seit vielen Jahren mit dem Phänomen der sozialen Kompetenz. Ein Blick in die elektronische Datenbank PsycINFO, in der die internationale Fachliteratur katalogisiert wird, dokumentiert einen positiven Entwicklungstrend (vgl. Abb. 1). Während sich vor rund 60 Jahren gerade einmal drei Dutzend psychologischer Fachpublikationen des Themas annahmen, sind es in den letzten zehn Jahren fast 1 000 Publikationen, die den Begriff „soziale Kompetenz“ im Titel tragen, und mehr als 3 600, bei denen der Begriff im Abstract auftaucht. Die einschlägige Forschung blüht mehr denn je (vgl. Kanning, 2014b, in Vorbereitung). Die nähere Analyse verrät jedoch, dass nur ein vergleichsweise kleiner Teil der Veröffentlichungen der Personalpsychologie zugerechnet werden kann. Die meiste Forschungsaktivität ist in der Entwicklungspsychologie sowie der Klinischen Psychologie verortet. Allerdings täuscht auch dieser Blick ein wenig, da viele Untersuchungen, die für unsere Betrachtung relevant sind, nicht explizit das Label „soziale Kompetenz“ tragen, sich aber dennoch intensiv mit dem Sozialverhalten von Menschen im beruflichen Kontext auseinandersetzen. Man denke in diesem Zusammenhang nur einmal an die mehr als umfangreiche Literatur zum Führungsverhalten.

**Zunehmende Popularität**

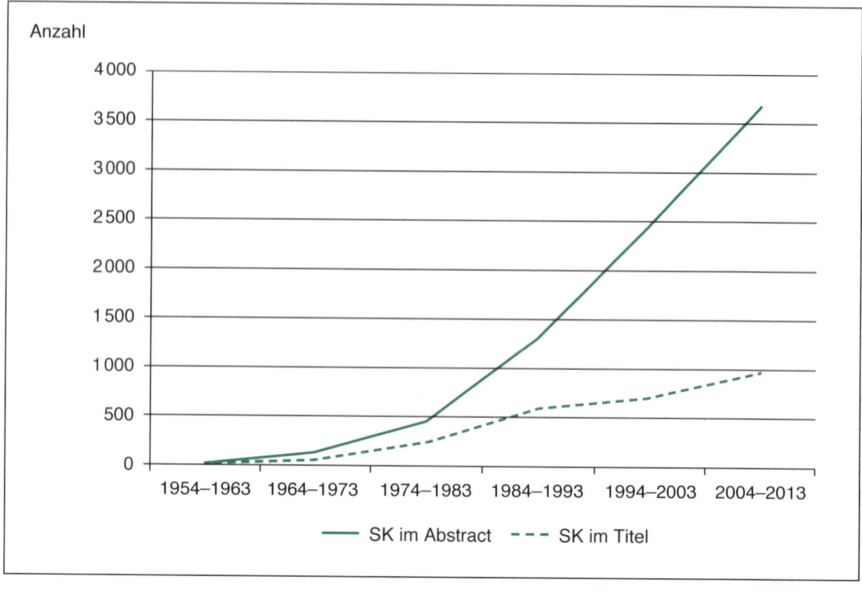


**Abbildung 1:**
Häufigkeit internationaler Fachpublikationen zum Konzept der sozialen Kompetenz (SK)

### 1.1.1 Soziale Kompetenz als Anpassung

Die unterschiedlichen Disziplinen der Psychologie setzen in der Definition sozialer Kompetenz jeweils spezifische Akzente. So betonen entwicklungspsychologische Definitionen häufig den Aspekt der *Anpassung* des einzelnen

Menschen an die Normen und Werte einer sozialen Gemeinschaft (DuBois & Felner, 1996; Waters & Sroufe, 1983). Im Laufe der Sozialisation erlernt der Mensch bestimmte Verhaltensregeln, die im Umgang mit seinen Artgenossen erwünscht sind und die zu einem friedfertigen oder doch zumindest reibungslosen Ablauf zwischenmenschlicher Kontakte wichtig sind. Auch im Berufsleben spielt die Anpassung eine nicht unwesentliche Rolle. Neue Mitarbeiter, die in ein Arbeitsteam aufgenommen werden, müssen sich bis zu einem gewissen Grade an die bestehenden Regeln anpassen. Nur so kann ein Team überhaupt entstehen und effektiv agieren. Gleiches gilt für den Umgang mit Kunden oder Vorgesetzten. Selbst dann, wenn ihm das unmittelbare Gegenüber unsympathisch ist, muss sich der Mitarbeiter an bestimmte Höflichkeitsrituale halten, damit die Organisation als Ganzes ihre Ziele verwirklichen kann. Würde jeder Mitarbeiter ohne Rücksicht auf andere allein seinen individuellen Handlungsimpulsen folgen, so wären Konflikte bis hin zu einem Auseinanderbrechen der gesamten Organisation die Folge.

**Soziale Kompetenz als Anpassung**

### 1.1.2 Soziale Kompetenz als Durchsetzung

Klinisch-psychologische Definitionen sozialer Kompetenz akzentuieren demgegenüber oft den Aspekt der *Durchsetzung* eigener Interessen in sozialen Kontexten (Hinsch & Pfingsten, 2007; Hinsch & Wittmann, 2010; Waters & Sroufe, 1983). Den Hintergrund hierfür liefert die Behandlung sozialer Phobien. Wer Angst davor hat, seine eigene Meinung zu äußern, nicht auf andere Menschen zugehen kann oder sich ihnen sogar blindlings unterordnet, lebt in ständiger Anspannung. Therapeutische Interventionen helfen bei der Überwindung der Defizite und steigern so die Lebensqualität (z. B. Hinsch & Pfingsten, 2007). Auch der Aspekt der Durchsetzungsfähigkeit ist im beruflichen Leben relevant. Bei Führungskräften ist dies besonders offensichtlich. Eine Führungskraft, die nicht in der Lage wäre, einen Standpunkt mit Nachdruck zu vertreten, könnte wohl kaum die in sie gesetzten Erwartungen erfüllen. Und auch im Rahmen der Teamarbeit ist ein gewisses Maß an Durchsetzungsfähigkeit der Gruppenmitglieder durchaus erwünscht. Die kreativen Potenziale der Gruppenarbeit können sich nur dann entfalten, wenn sich jedes Teammitglied aktiv einbringt und eigene Ideen verteidigt.

**Soziale Kompetenz als Durchsetzung**

### 1.1.3 Soziale Kompetenz und sozial kompetentes Verhalten

Umfassende Definitionen vereinen beide Aspekte. Die soziale Kompetenz eines Menschen ermöglicht demnach einen Kompromiss zwischen den Ansprüchen, die die soziale Umwelt an den Einzelnen stellt, und seinen eigenen Interessen, die es auch in sozialen Kontexten zu verwirklichen gilt (z. B. Kanning, 2002a, in Vorbereitung; Riemann & Allgöwer, 1993). In diesem

**Kompromiss zwischen Anpassung und Durchsetzung**

Zusammenhang ist es hilfreich, zwischen den *Kompetenzen* eines Menschen und einem *kompetenten Verhalten* zu differenzieren (Ford, 1985). Analog könnten man auch von Kompetenz und Performanz sprechen (Grabowski, 2014). Die sozialen Kompetenzen liegen im Verborgenen und wirken im Sinne eines Potenzials auf das Verhalten in konkreten Situationen. Verdeutlichen wir uns diesen Sachverhalt einmal anhand eines einfachen Beispiels aus einem völlig anderen Forschungsbereich. Intellektuelle Hochbegabung – definiert als ein Intelligenzquotient von mehr als 130 Punkten – bildet die Grundlage für außergewöhnliche Leistungen in Schule oder Studium. Dennoch wird ein Mensch, der hochbegabt ist keineswegs immer intellektuelle Spitzenleistungen erbringen. Oftmals finden sich sogar in der Haupt- oder Realschule weit überdurchschnittlich intelligente Kinder, die nur durchschnittliche Schulleistungen erbringen. Die Intelligenz bildet das Potenzial für intellektuelle Leistungen, das jedoch nicht in jeder Situation optimal entfaltet werden kann. Ähnlich verhält es sich mit der sozialen Kompetenz. Ein Mensch, der über eine hohe soziale Kompetenz verfügt – also z. B. in der Lage wäre, einen Streit unter Kollegen in wenigen Minuten zur Zufriedenheit aller beizulegen – wird dieses Potenzial nicht in jeder beliebigen Situation auch voll zum Einsatz bringen können. Mitunter gelingt es ihm also nicht, einen Streit zu schlichten, oder mehr noch, er trägt selbst vielleicht zur Eskalation der Situation bei. Bedenken wir dies, so kommen wir vor dem Hintergrund der genannten Überlegungen zu den in Tabelle 1 dargestellten Definitionen (Kanning, 2002a, in Vorbereitung).

**Kompetenz vs. kompetentes Verhalten**

**Tabelle 1:**
Definitionen sozial kompetenten Verhaltens und sozialer Kompetenz

**Definitionen**

| | Sozial kompetentes Verhalten | Soziale Kompetenz |
|---|---|---|
| Definition | „Verhalten einer Person, das in einer spezifischen Situation dazu beiträgt, die eigenen Ziele zu verwirklichen, wobei gleichzeitig die soziale Akzeptanz des Verhaltens gewahrt wird." (Kanning, 2002a, S. 155) | „Gesamtheit des Wissens, der Fähigkeiten und Fertigkeiten einer Person, welche die Qualität eigenen Sozialverhaltens – im Sinne der Definition sozial kompetenten Verhaltens – fördert." (Kanning, 2002a, S. 155) |
| Zentrale Merkmale | – situationsspezifisch<br>– beeinflusst auch durch Faktoren jenseits der eigenen sozialen Kompetenzen (z. B. Verhalten der Interaktionspartner)<br>– direkt beobachtbar | – zeitlich überdauerndes Potenzial<br>– indirekt zu erschließen<br>– multidimensional |

Sozial kompetentes Verhalten findet immer in konkreten Situationen, z. B. im Gespräch mit einem Kunden, einer Auseinandersetzung mit Kollegen oder bei der Präsentation einer Projektarbeit vor dem Vorstand statt. Wir bezeichnen das Verhalten als sozial kompetent, wenn der Handelnde in der Situation einerseits eigene Ziele verwirklichen kann und dabei andererseits eine Akzeptanz des Verhaltens im sozialen Kontext gewährleistet ist. Im Falle des Kundengespräches besteht sein Ziel beispielsweise darin, dem Kunden ein bestimmtes Produkt zu verkaufen. Gelingt ihm die Umsetzung dieses Vorhabens, so können wir noch nicht von einem sozial kompetenten Verhalten sprechen, denn es stellt sich erst einmal die Frage, inwieweit er zur Erreichung seines Zieles sozial akzeptierte Mittel eingesetzt hat. Sozial akzeptiert wäre z. B. der Austausch von Argumenten, während ein Belügen oder gar eine Bedrohung des Kunden wohl kaum zu akzeptieren wäre.

An diesem Beispiel werden vier Prinzipien der Definition sozial kompetenten Verhaltens deutlich (Kanning, 2002a, in Vorbereitung):

1. Die Charakterisierung des Verhaltens als „sozial kompetent" setzt voraus, dass wir um die Ziele des Handelnden wissen *(= individueller Bezugspunkt)*. Nur dann können wir auch beurteilen, ob im Zuge des Gespräches die Ziele erreicht werden konnten. Im beruflichen Leben ergeben sich die Ziele meist aus einer sozialen Rolle, die ein Mitarbeiter ausfüllen muss. Der Arbeitgeber erwartet von seinem Kundenberater, dass er den Umsatz steigert und Zufriedenheit unter den Kunden verbreitet. Privat mag der Mitarbeiter beiden Zielen gleichgültig gegenüberstehen. In seiner Rolle als Kundenberater treten die privaten Ziele jedoch in den Hintergrund. Besonders zufriedenstellend dürfte es für Mitarbeiter sein, wenn ihre individuellen Ziele mit denen der Arbeitgeber übereinstimmen.

**Individueller Bezugspunkt**

2. Das Verhalten kann erst dann als mehr oder weniger kompetent bezeichnet werden, wenn wir es in einen Bezug zur sozialen Umgebung setzen *(= sozialer Bezugspunkt)*. Ein und dasselbe Verhalten kann in Abhängigkeit vom gewählten Bezugspunkt als kompetent oder als inkompetent gelten. Ist der Mitarbeiter in unserem Beispiel in einem zwielichtigen Unternehmen beschäftigt, so wird man hier auch ein Belügen des Kunden akzeptieren. Wählt man als sozialen Bezugspunkt hingegen den Kunden selbst, so muss das Belügen wohl als inakzeptabel und damit als inkompetent gelten.

**Sozialer Bezugspunkt**

3. Die Definition sozial kompetenten Verhaltens ist niemals frei von Werten *(= evaluativer Bezugspunkt)*. Wenn wir den Begriff der sozialen Kompetenz verwenden, dann beschreiben wir nicht einfach ein Verhalten, sondern bringen zum Ausdruck, dass es sich um etwas Positives handelt (z. B. Faix & Laier, 1991). Eine solche Bewertung kann vor dem Hintergrund sehr unterschiedlicher Wertesysteme stattfinden, was wiederum zur Folge hat, dass ein und dasselbe Verhalten als mehr oder weniger sozial kompetent bewertet werden kann. In unserem Beispiel wählen die Vertreter des zwielichtigen Unternehmens offensichtlich ein anderes Wertsystem als der Kunde selbst. Die Wahl des Wertesystems ist jedoch nicht an einen

**Evaluativer Bezugspunkt**

bestimmten sozialen Bezugspunkt gebunden. So könnte der Kunde durchaus auch ein unehrliches Verhalten seines Gegenübers akzeptiert, wenn er Verkaufsgespräche beispielsweise als eine Art sportlichen Wettstreit betrachtet, bei dem der geschicktestes Taktierer zur Recht gewinnt.

**Temporaler Bezugspunkt**

4. Die Definition sozial kompetenten Verhaltens bezieht sich immer auf einen bestimmten Zeitabschnitt *(= temporaler Bezugspunkt).* Nehmen wir die Bewertung nur im Hinblick auf den Abschluss des Kundengespräches vor, so interessiert uns ausschließlich, ob das Produkt unter Einsatz akzeptierter Mittel verkauft wurde. Neben dem kurzfristigen Ziel, das Produkt zu verkaufen, besitzt das Unternehmen aber auch langfristige Ziele. Erkennt der Kunde nach einigen Wochen, dass er belogen wurde, und verklagt daraufhin das Unternehmen, so können derartige Ziele verletzt werden. Möglicherweise wird das Image des Unternehmens so weit geschädigt, dass sich viele potenzielle Kunden zurückziehen. Ein kurzfristig betrachtet kompetentes Verhalten des Mitarbeiters erscheint somit in der langfristigen Perspektive als inkompetent. Hinzu kommt, dass sich über die Zeit hinweg das Wertesystem verändern kann. Steht ein Unternehmen kurz vor der Insolvenz, mag man aus Sicht des Arbeitgebers einen weniger ehrlichen Umgang mit den Kunden akzeptieren, den man vor zehn Jahren, als es dem Unternehmen noch gut ging, abgelehnt hätte.

Jedes Unternehmen, das zum Zwecke der Personalauswahl oder -entwicklung mit dem Konzept der sozialen Kompetenz arbeitet, muss für sich selbst die genannten Bezugspunkte definieren.

> *Das* sozial kompetente Verhalten gibt es ebenso wenig wie den ultimativen Mitarbeiter, der unabhängig von allen Rahmenbedingungen in jedem Unternehmen und auf jeder beliebigen Position maximal erfolgreich wäre. Daher kommt man nicht umhin, für einen bestimmten Arbeitsplatz bzw. eine berufliche Aufgabe ganz konkret zu definieren, was in diesem Fall sozial kompetentes Verhalten bedeutet.

**Sozial kompetentes Verhalten kontextabhängig definieren**

Sozial kompetentes Verhalten ist immer kontextabhängig zu definieren. In unterschiedlichen Situationen erscheint unterschiedliches Verhalten angemessen und damit auch mehr oder minder sozial kompetent. Die Basis des Sozialverhaltens liefern die sozialen Kompetenzen. Sie wird situationsübergreifend definiert. Abbildung 2 verdeutlicht diesen Aspekt. Während bei einer bestimmten Führungskraft die sozialen Kompetenzen hinreichen, um beispielsweise ein konfliktfreies Regelbeurteilungsgespräch zu führen, kann dieselbe Person drei Stunden später bei dem Versuch, Mobbing in ihrer Abteilung zu unterbinden, scheitern. Hier wird deutlich, wie wichtig es ist, bei der Stellenbesetzung differenzierte Anforderungsanalysen zugrunde zu legen (Schuler, 2014a).

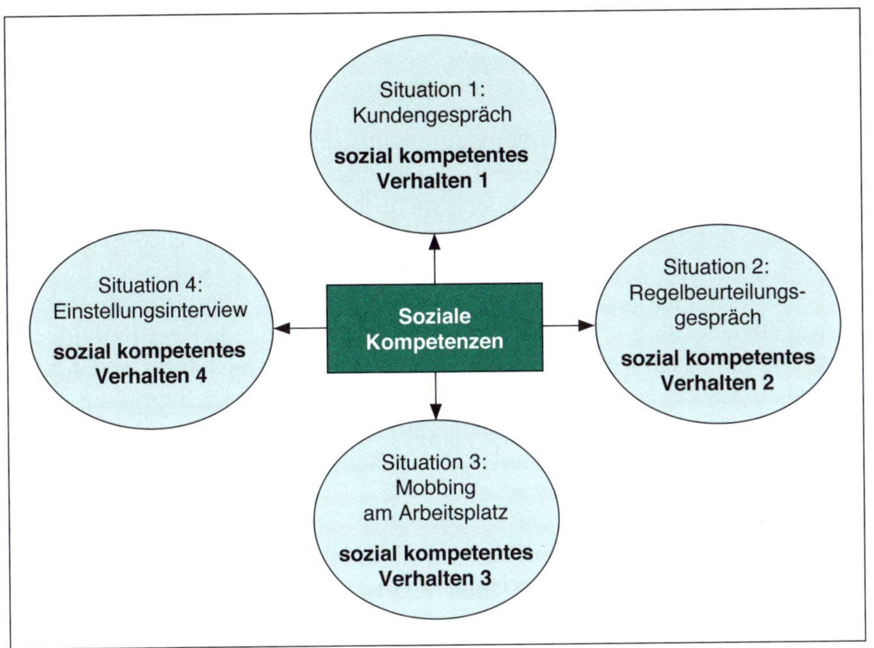


**Abbildung 2:**
Zusammenhang zwischen Kompetenzen und Verhalten

Bei der sozialen Kompetenz handelt es sich genau genommen nicht um eine singuläre Eigenschaft, sondern vielmehr um ein ganzes Bündel von Kompetenzen. Daher ist es auch üblich, statt von sozialer Kompetenz von *sozialen Kompetenzen* zu sprechen (z. B. Schuler & Barthelme, 1995). Sie umfassen Bestandteile des Wissens sowie Fähigkeiten und Fertigkeiten eines Menschen.

**Es gibt viele soziale Kompetenzen**

Das sozial relevante *Wissen* bezieht sich keineswegs nur auf eine einzelne Situation, sondern ist viel weitreichender. So weiß z. B. ein Personalberater, der zum ersten Mal ein neues Unternehmen besucht, dass es nicht angemessen wäre, dem Personalchef auf die Schulter zu klopfen oder ihn gar zu umarmen. Selbst dann, wenn er durch seinen ersten Besuch firmenspezifisches Wissen erwirbt (Namen und Funktionen der Gesprächspartner, Einschätzung ihrer Persönlichkeit etc.), handelt es sich auch in diesem Fall um situationsübergreifendes Wissen. Es besitzt auch dann noch Gültigkeit, wenn der Berater die Firma verlässt und vielleicht in einer Woche zurückkehrt. Das Wissen bezieht sich sowohl auf Fakten als auch auf Prozesse (deklaratives und prozedurales Wissen; Jones & Day, 1997).

*Fähigkeiten* sind per Definition als abstrakte Verhaltenspotenziale eines Menschen zu verstehen, die situationsübergreifend bestehen (vgl. Kanning, 2004). Man denke in diesem Zusammenhang beispielsweise an rhetorische

Fähigkeiten, eine grundsätzliche Teamorientierung oder an die Durchsetzungsfähigkeit eines Menschen. Sie versetzen den Mitarbeiter in die Lage, unterschiedlichste Aufgaben zu bewältigen.

*Fertigkeiten* sind demgegenüber weniger abstrakte, erlernte Verhaltensweisen (vgl. Kanning, 2004). Hierzu zählen z. B. Begrüßungs- oder Höflichkeitsrituale. Auch sie beziehen sich nicht auf eine einzelne Situation, die nie mehr wiederkehrt, sondern wirken zumindest für eine Klasse von Situationen, also z. B. für viele Begrüßungszeremonien an unterschiedlichen Orten, zu verschiedenen Zeiten und mit immer wieder anderen Menschen. Fertigkeiten werden hier als Potenzial verstanden, da sie dem Individuum zwar potenziell zur Verfügung stehen, aber nicht zwangsläufig in jeder Situation eingesetzt werden (können). So mögen z. B. bei der Begrüßung einer besonders wichtigen Wirtschaftsdelegation aus Asien aufgrund der Aufregung Fehler unterlaufen, obwohl dem Handelnden das Ritual an sich geläufig ist.

## 1.2 Dimensionen sozialer Kompetenz

Bei der sozialen Kompetenz handelt es sich um ein *multidimensionales Konzept*. Unser Verhalten gegenüber anderen Menschen wird nicht durch eine einzelne, sehr globale Kompetenz determiniert, sondern ist vielmehr durch das Zusammenspiel mehrerer Kompetenzen geprägt (z. B. Kanning, 2009a; Marlowe, 1986; Riemann & Allgöwer, 1993; Schuler & Barthelme, 1995). Welches sind im Einzelnen diese Kompetenzen? Bislang existiert keine empirisch abgesicherte Taxonomie. Stattdessen stellen viele Autoren auf der Basis von Plausibilitätsbetrachtungen Kompetenzkataloge zusammen, die für ihre Forschungsarbeit von besonderer Bedeutung sind. Tabelle 2 gibt einen Überblick über einige dieser Kataloge. Es wird sichtbar, dass sich die Ansätze nicht nur inhaltlich, sondern auch ganz erheblich in ihrem Umfang unterscheiden.

In einer Durchsicht seinerzeit aktueller häufig zitierter Kataloge fand der Autor mehr als 100 Begriffe (Kanning, 2009a). Dabei handelt es sich allerdings überwiegend um Synonyme und oftmals um Konstrukte, die sich wiederum aus dem Zusammenspiel mehrerer Kompetenzen ergeben, wie etwa Führungskompetenzen oder Teamfähigkeit. Faktorenanalytische Untersuchungen führen letztlich zu einer Struktur, bestehend aus 17 Primärfaktoren sozialer Kompetenz, die sich zu vier Sekundärfaktoren gruppieren lassen (vgl. Tab. 3).

**Allgemeine soziale Kompetenzen**

Die aufgelisteten Kompetenzen sollen in Anlehnung an Reschke (1995) als *allgemeine soziale Kompetenzen* bezeichnet werden. Es handelt sich um sehr abstrakte Konzepte ohne direkten Bezug zu einer konkreten beruflichen Tätigkeit. Im Prinzip kann sie jeder Mensch in unterschiedlicher Aus-

**Tabelle 2:**
Ausgewählte Kataloge sozialer Kompetenzen

| Argyle (1969) | Faix & Laier (1989, 1991) | | Schuler & Barthelme (1995) |
|---|---|---|---|
| – Belohnungsfunktion<br>– Dominanz-Submission<br>– Extraversion und Affiliation<br>– Gelassenheit<br>– soziale Ängstlichkeit<br>– Interaktionsfertigkeiten<br>– Rollenübernahmefähigkeit<br>– Wahrnehmungssensitivität | – Achtung vor anderen Menschen<br>– Ambiguitätstoleranz<br>– Aufrichtigkeit<br>– Bedürfnisaufschub<br>– Sensibilität für eigene Bedürfnisse<br>– Bindungsfähigkeit<br>– Einfühlungsvermögen<br>– Fairness<br>– Frustrationstoleranz<br>– Hilfsbereitschaft<br>– Integrationsfähigkeit<br>– Kommunikationsfähigkeit<br>– Kompromissfähigkeit<br>– Konfliktfähigkeit | – Kooperationsfähigkeit<br>– Kritikfähigkeit<br>– Offenheit<br>– Partnerschaft<br>– Rollendistanz<br>– Selbststeuerung<br>– Sensibilität für zwischenmenschliche Probleme<br>– Solidarität<br>– Toleranz<br>– Transparenz<br>– Verantwortungsbewusstsein<br>– Verständnisbereitschaft<br>– Vertrauensbereitschaft<br>– Vorurteilsfreiheit | – kommunikative Kompetenz<br>– Kooperations- und Koordinationsfähigkeit<br>– Teamfähigkeit<br>– Konfliktfähigkeit<br>– interpersonale Flexibilität<br>– Rollenflexibilität<br>– Durchsetzung<br>– Empathie<br>– Sensibilität |

**Tabelle 3:**
Faktorenanalytisch abgeleitete Dimensionen sozialer Kompetenz (nach Kanning, 2009a)

| Sekundärfaktoren | Primärfaktoren | Definition |
|---|---|---|
| Offensivität | – Durchsetzungsfähigkeit<br>– Konfliktbereitschaft<br>– Extraversion<br>– Entscheidungsfreudigkeit | Fähigkeit, aus sich herauszugehen und im Kontakt mit anderen Menschen eigene Interessen aktiv verwirklichen zu können. |
| soziale Orientierung | – Prosozialität<br>– Perspektivenübernahme<br>– Wertepluralismus<br>– Kompromissbereitschaft<br>– Zuhören | Ausmaß, in dem eine Person anderen Menschen offen und mit positiver Grundhaltung gegenüber tritt. |
| Reflexibilität | – Personenwahrnehmung<br>– direkte Selbstaufmerksamkeit<br>– indirekte Selbstaufmerksamkeit<br>– Selbstdarstellung | Ausmaß, in dem sich eine Person mit sich und ihren Interaktionspartnern aktiv auseinandersetzt. |
| Selbststeuerung | – Selbstkontrolle<br>– emotionale Stabilität<br>– Handlungsflexibilität<br>– Internalität | Fähigkeit eines Menschen, flexibel und rational zu handeln, wobei man sich selbst bewusst als Akteur begreift. |

**Spezifische soziale Kompetenzen**

prägung ausbilden. Hiervon abzugrenzen sind *bereichsspezifische soziale Kompetenzen*, die für ein ganz konkretes (berufliches) Setting von großer Bedeutung sind (vgl. auch Reschke, 1995). Sie werden im Rahmen von Berufsausbildungen oder durch die praktische Tätigkeit im Beruf erworben und stellen spezifische Ausformungen allgemeiner Kompetenzen dar. Stellen wir uns zur Verdeutlichung einmal eine Kindergärtnerin und einen Manager vor (vgl. Abb. 3). Ohne Zweifel müssen beide in ihrem Beruf über ein gewisses Maß an Durchsetzungsfähigkeit verfügen. Die berufsspezifische Ausformung dieser allgemeinen Kompetenz ist jedoch sehr unterschiedlich. Obwohl beide eine hohe allgemeine Durchsetzungsfähigkeit besitzen, könnte man sie nicht einfach austauschen, selbst dann nicht, wenn sie über die Fachkompetenzen des jeweils anderen verfügen würden. Der Grund hierfür liegt darin, dass beide Arbeitsplätze sehr unterschiedliche spezifische Ausformungen der Durchsetzungsfähigkeit erfordern. Die Anforderungsprofile der beiden Beispielarbeitsplätze unterschieden sich nicht in der allgemeinen, wohl aber in der spezifischen sozialen Kompetenz. Natürlich ist es zudem möglich, dass sich Arbeitsplätze auch deutlich hinsichtlich der Anforderungen an allgemeine soziale Kompetenzen unterscheiden. Man denke hier z. B. an den Arbeitsplatz einer Spitzenführungskraft, die ein hohes Maß an kritischer Selbstreflexion des eigenen Sozialverhaltens erfordert, da Menschen in solchen Positionen häufig kein ehrliches Feedback mehr aus ihrer Umgebung bekommen. Im Gegensatz hierzu erhält ein Lager-

**Bedeutung allgemeiner und spezifischer sozialer Kompetenzen**

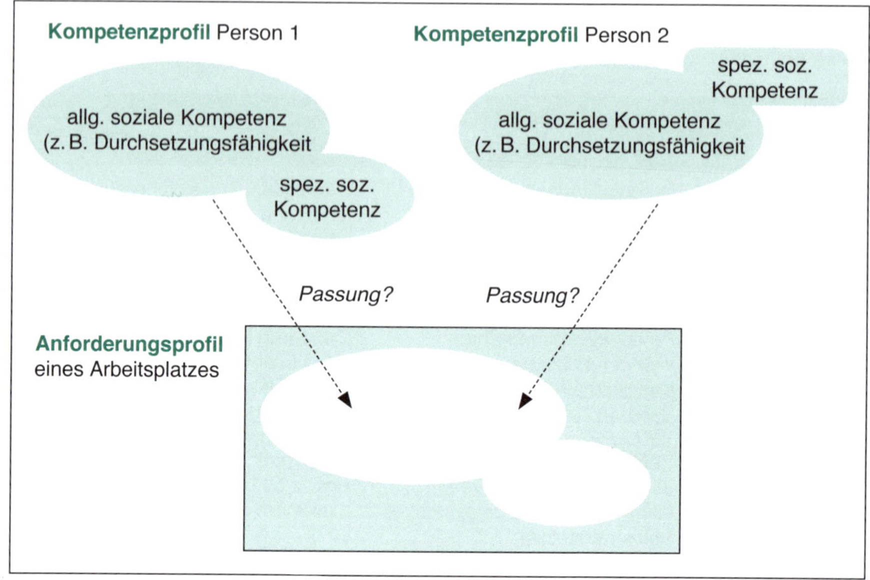


**Abbildung 3:**
Allgemeine und spezifische soziale Kompetenzen und ihre Bedeutung für die Anforderungen eines konkreten Arbeitsplatzes

arbeiter im selben Unternehmen mehr kritisches Feedback zu seinem Sozialverhalten als ihm lieb ist. Für ihn wäre die Selbstreflexionsfähigkeit mithin keine besonders wichtige soziale Kompetenz, die man in einem Auswahlverfahren berücksichtigen müsste.

Die Unterscheidung zwischen allgemeinen und bereichsspezifischen sozialen Kompetenzen ist von großer Bedeutung für die Personalarbeit. Während in der Personaldiagnostik beide Formen von Interesse sind, beschränkt man sich in der Personalentwicklung meist auf letztere.

Allgemeine soziale Kompetenzen können beispielsweise im Sinne eines Entwicklungspotenzials bei der Auswahl von Nachwuchsführungskräften relevant sein. Verfügen die Probanden bereits über Berufserfahrung, so interessiert man sich eher für die Diagnose und Weiterentwicklung spezifischer Kompetenzen. Wir werden auf diese Punkte in den Kapiteln 3 und 4 noch einmal zurückkommen.

## 1.3 Verwandte Konzepte

Neben der sozialen Kompetenz finden sich in Forschung und Praxis mehrere Begriffe, die als Synonym oder als spezifische Facette der sozialen Kompetenz verwendet werden. Die drei wichtigsten Begriffe wollen wir im Folgenden kurz vorstellen.

### *1.3.1 Soziale Intelligenz*

**Soziale Intelligenz**

Am Anfang der wissenschaftlichen Auseinandersetzung steht das Konzept der *sozialen Intelligenz*. Bereits 1920 definiert Thorndike soziale Intelligenz als die Fähigkeit, andere Menschen zu verstehen und „weise" zu handeln. Im Gegensatz zum heutigen Intelligenzbegriff fokussiert er somit nicht nur Aspekte der kognitiven Informationsverarbeitung. Auch das Handeln an sich findet Berücksichtigung. Verwendet man den Begriff der sozialen Intelligenz in diesem Sinne, so kann er als ein Synonym der sozialen Kompetenz gelten (z. B. Lievens & Chan, 2010; Marlowe, 1986; Riggio, 1986). Die Forschungstradition zeigt jedoch einen ganz anderen Weg auf. Testverfahren, mit deren Hilfe die soziale Intelligenz gemessen werden soll, verwenden überwiegend sehr abstrakte, rein kognitive Leistungsaufgaben. Dabei geht es z. B. um die richtige Deutung nonverbaler Signale oder die Ordnung von Bildern zu einer sinnvollen Bildgeschichte. Es überrascht nicht, dass die Leistung in derartigen Tests sehr hoch mit der allgemeinen Intelligenz der Probanden korreliert (Kihlstrom & Cantor, 2011; Schmidt, 1995). Sternberg (1985) integriert folgerichtig die soziale Intelligenz in sein allgemeines

Modell der menschlichen Intelligenz. Verwenden wir den Begriff in diesem reduzierten Sinne, so kann er nur noch als eine Facette der sozialen Kompetenz gelten. Die soziale Intelligenz würde dementsprechend wichtige perzeptiv-kognitive Kompetenzen zusammenfassend kennzeichnen (vgl. Cantor & Harlow, 1994). Welcher Einordnung ist nun aber der Vorzug zu geben? In Anbetracht der Tatsache, dass sich der Intelligenzbegriff im ureigensten Sinne auf die kognitive Leistungsfähigkeit eines Menschen bezieht, erscheint die zweite Einordnung sinnvoller als die erste. Ein synonymer Gebrauch führt eher zu Verwirrung und fördert überdies die inflationäre Verwendung und Aufweichung des Intelligenzbegriffs (vgl. Asendorpf, 2002; Schuler, 2002).

### 1.3.2 Emotionale Intelligenz

Ein ebenfalls verwandter Begriff hat vor allem durch die populärwissenschaftliche Publikation von Goleman (2007) große öffentliche Aufmerksamkeit erregt (Stough, Saklofske & Parker, 2009a). Die Rede ist von der *emotionalen Intelligenz*. Goleman fasst hierunter eine bunte Mischung unterschiedlichster Fähigkeiten des Menschen zusammen. Die Auswahl ist ebenso willkürlich wie das verbindende Element der Fähigkeiten, das einen gemeinsamen Oberbegriff rechtfertigen würde. Letztlich bleibt nicht viel mehr als eine Ansammlung positiver Eigenschaften, wie etwa: Optimismus, Gewissenhaftigkeit, Motivation, soziale Verantwortung, Empathie, Selbstvertrauen, Belastbarkeit etc. (vgl. Schuler, 2002). Goleman wird daher zu Recht heftig kritisiert (vgl. Asendorpf, 2002; Heller, 2002; Schuler, 2002; Sieben, 2003).

**Emotionale Intelligenz**

Das Konzept der emotionalen Intelligenz geht ursprünglich auf Salovey und Mayer (1990; Salovey, Mayer, Goldman, Turvey & Palfai, 1995) zurück und wird hier auch deutlich eingeschränkter definiert. Es umfasst fünf Facetten. Menschen mit hoher emotionaler Intelligenz können demzufolge ihre

1. eigenen Emotionen richtig interpretieren,
2. die Emotionen anderer Menschen zutreffend interpretieren,
3. eigene Emotionen regulieren,
4. eigene Emotionen ausdrücken und
5. eigene Emotionen nutzenbringend einsetzen.

Auch hier stellt sich wieder die Frage, inwieweit der Intelligenzbegriff sinnvoll ist. Solange es um die kognitive Verarbeitung emotionaler Zustände geht, ist die Bezeichnung „Intelligenz“ plausibel. Die Nutzbarmachung der Emotionen verweist hingegen auf Handlungen, die in der Folge kognitiver Operationen stehen. Asendorpf schlägt daher den allgemeineren Begriff der „emotionalen Kompetenz“ vor. Wohl nicht zuletzt bedingt durch die Aufmerksamkeit, welche die populärwissenschaftlichen Abhandlungen gefunden haben, wurde in den letzten Jahren auch die Forschung zum ursprünglichen Konzept von Salovey und Mayer intensiviert. Mehr noch, man könnte hier fast schon von einem Boom sprechen (vgl. Stough, Saklofske & Parker, 2009a, 2009b). In der Datenbank PsychINFO finden sich im Frühjahr 2014 mehr als 2400 Publikationen, die den Begriff „emotionale Intelligenz" im Titel tragen.

Die entwickelten Messinstrumente stehen in der Tradition der Intelligenzmessung. Auch hier werden abstrakte Leistungsaufgaben eingesetzt, die sich primär mit der kognitiven Verarbeitung emotionsbezogener Inhalte beschäftigen (Steinmayer, Schütz, Hertel & Schröder-Abé, 2011). Im Mayer-Salovey-Caruso Test zur Emotionalen Intelligenz (MSCEIT; Steinmayer, Schütz, Hertel & Schröder-Abé, 2011) müssen die Probanden u.a. die folgenden Aufgaben lösen:
- Erkennen von Emotionen in Fotografien von Gesichtern anderer Menschen,
- Erkennen von Emotionen, die durch Fotografien von Landschaften ausgedrückt werden,
- Einschätzung, welche Stimmung in einer vorgegebenen Situation für einen Menschen hilfreich sei,
- Zuordnung von Emotionen zu bestimmten Situationsbeschreibungen,
- Einschätzung, welche Emotionen für einen Menschen in einer bestimmten Situation nützlich wären.

Im Verhältnis zur sozialen Kompetenz erscheint die emotionale Intelligenz (im Sinne von Salovey & Mayer, 1990) als eine Teilmenge, die große Überschneidungen mit der sozialen Intelligenz aufweist (vgl. Abb. 5 auf S. 17).

### 1.3.3 Soziale Fertigkeiten

**Soziale Fertigkeiten**

Auch der Begriff der *sozialen Fertigkeiten* lässt sich vollständig in das Konzept der sozialen Kompetenz integrieren. In der Regel versteht man hierunter sehr spezifische, erlernte Kompetenzen, die für das Gelingen sozialer Interaktionen elementar sind (vgl. Argyle, 1967; Spitzberg & Dillard, 2002). Man denke hier z.B. an Höflichkeitsrituale, Verhaltensregeln gegenüber Vorgesetzten oder Tischsitten. Dabei geht es jedoch nicht nur um behaviorale oder kommunikative, sondern auch um kognitive Fertigkeiten (Burleson & Samter, 1994). Andere Autoren fassen hierunter auch sehr abstrakte Eigenschaften, wie etwa Sensitivität oder Selbstkontrolle, zusammen (Riggio, 1986). Dies allerdings widerspricht dem Wortsinn des Begriffs „Fertigkeiten", der immer auf ein geringes Abstraktionsniveau hindeutet. Die sozialen Fertigkeiten bilden eine Teilmenge der sozialen Kompetenzen.

## 1.3.4 Sonstige Konzepte

Soziale Intelligenz, emotionale Intelligenz und soziale Fertigkeiten sind bei Weitem nicht die einzigen Konzepte, die im Konstruktraum der sozialen Kompetenz um die Aufmerksamkeit der Forscher bzw. der Leser buhlen. Zahlreiche weitere Konzepte wurden definiert, fanden aber insbesondere im Vergleich zur emotionalen Intelligenz zum Teil nur wenig Beachtung. Hierzu zählen die folgenden Konstrukte:

**Interpersonale Kompetenzen**

- *Interpersonale Kompetenzen* (Buhrmester, 1996). Unter diesem Begriff werden Kompetenzen subsumiert, die in engen zwischenmenschlichen Beziehungen wie etwa Partnerschaften für beiderseits angenehme Interaktionen verantwortlich sein sollen. Sie heben sich von alternativen Konstrukten also primär durch den Anwendungsbereich ab.

**Interpersonale Intelligenz**

- *Interpersonale Intelligenz* (Gardner, 1991). Bei seinen Bemühungen, den Intelligenzbegriff bis zur Beliebigkeit auf alle möglichen Lebensbereiche auszudehnen (musikalisch-rhythmische Intelligenz, körperlich-kinästhetische Intelligenz, naturalistische Intelligenz etc.), macht Gardner auch vor zwischenmenschlichen Interaktionen nicht halt. Die interpersonale Intelligenz bezieht sich seiner Definition zufolge auf die Fähigkeit eines Menschen, Motive, Gefühle und Absichten anderer Menschen verstehen und beeinflussen zu können. Ein Stück weit erscheint sie teilweise als ein Spiegelbild der emotionalen Intelligenz nach Salovey und Mayer (1990; Salovey, Mayer, Goldman, Turvey & Palfai, 1995), wobei die Beeinflussung anderer und nicht die Steuerung der eigenen Emotionen im Fokus des Handelnden steht.

**Intrapersonale Intelligenz**

- *Intrapersonale Intelligenz* (Gardner, 1991). Das Verständnis der eigenen Person sowie die willentliche Steuerung derselben fällt im Modell von Gardner in den Aufgabenbereich der intrapersonalen Intelligenz. Im Gegensatz zu Salovey und Mayer (1990; Salovey, Mayer, Goldman, Turvey & Palfai, 1995) bezieht sich beides jedoch nicht nur auf Emotionen, sondern auf den Menschen insgesamt.

**Politische Fertigkeit**

- *Politische Fertigkeit* (Ferris, Treadway, Kolodinsky, Hochwarter, Kacmar et al., 2005). Ferris und Kollegen definieren vier Kompetenzen, die einem Menschen im beruflichen Leben besonders nützen sollen, wenn es darum geht, den eigenen Aufstieg auf der Karriereleiter zu fördern (Netzwerkbildung, Beeinflussung anderer, soziale Schlauheit und scheinbare Aufrichtigkeit). Letztlich geht es darum, soziale Prozesse zu durchschauen und zum eigenen Vorteil zu nutzen bzw. zu verändern. Im Zweifelsfall bedeutet dies z. B. auch, dass man als leistungsstarker Mitarbeiter ein krisengeplagtes Unternehmen verlässt, wenn man hier keine Vorteile mehr für sich sieht (Kolev, 2013). Grundsätzlich haben sich die genannten Kompetenzen aber auch als vorteilhaft für den Arbeitgeber erwiesen (vgl. Todd, Harris, Harris & Wheeler, 2009). In der Familie der verwandten Konstrukte sozialer Kompetenz handelt es sich wie bei den interpersonalen Kompetenzen um einen bereichsspezifischen Ansatz (Berufsleben vs. enge zwischenmenschliche Beziehungen), wobei sich die genannten Kompetenzen auf einem globaleren Niveau als beispielsweise die emotionale Intelligenz im Sinne von Salovey und Mayer (1990) bewegen.

- *Kompetenzen emotionaler und sozialer Intelligenz* (Boyatzis, 2008). Während die zuvor genannten Ansätze den Versuch unternehmen, Teilmengen des gesamten Konstruktraums sozialer Kompetenzen herauszugreifen, geht Boyatzis den Weg in entgegengesetzter Richtung und subsumiert alles unter einem Begriff. Dem Wortsinn nach dominiert auch hier jedoch die Fähigkeit zur kognitiven Verarbeitung derjenigen Informationen, die für das erfolgreiche Agieren in sozialen Kontexten notwendig erscheinen.

**Kompetenzen emotionaler und sozialer Intelligenz**

### 1.3.5 Soziale Kompetenz als Oberbegriff

**Soziale Kompetenz als Oberbegriff**

Wir sehen, die Abgrenzung der verwandten Konzepte fällt nicht immer leicht. Verschiedene Autoren verwenden ein und denselben Begriff mit unterschiedlicher Bedeutung. Mitunter wird dabei wenig Rücksicht auf den ursprünglichen Wortsinn von Begriffen wie „Intelligenz" oder „Fertigkeiten" genommen. Viele Konzepte überschneiden sich stark, ohne dass die Autoren sich um Abgrenzung bemühen würden. Die Konzepte sind zudem mehr oder weniger abstrakt und beziehen sich entweder auf spezifische Interaktionen, z. B. im Beruf, oder aber auf jedwede soziale Situation.

In Abbildung 4 werden die Konzepte zur besseren Übersicht in ein Diagramm eingeordnet. Hierbei handelt es sich um eine grobe Einordnung, die rein inhaltlich-sprachlicher Natur ist und nicht auf empirischen Studien basiert. Die Systematik orientiert sich an zwei Fragen:

1. Wie spezifisch sind die Kompetenzen, die dem Konzept zugrunde liegen? Während sich der Begriff der Intelligenz primär auf kognitive Fähigkeiten bezieht, ist der Begriff der Kompetenz globaler, da er neben kognitiven auch nicht kognitive Kompetenzen einschließt.
2. Wie spezifisch sind die sozialen Situationen, auf die sich das Konzept bezieht? Während sich Ferris und Kollegen (2005) ausschließlich auf berufliche Situationen beziehen, beansprucht der Ansatz von Salovey und Mayer (1990) Gültigkeit für jede beliebige Situation.

Untereinander sind die verschiedenen Konzepte alles andere als unabhängig voneinander. Zum einen überschneiden sie sich stark, zum anderen schließen sie einander teilweise ein. Abbildung 5 soll dies schematisch verdeutlichen.

Die soziale Kompetenz erscheint dabei als ein Oberbegriff, dem alle übrigen Konzepte untergeordnet werden können. Die soziale Intelligenz bezieht sich auf perzeptiv-kognitive Kompetenzen, wie etwa das Wissen um soziale Normen, die Fähigkeit zur richtigen Interpretation nonverbaler Hinweisreize

Systematische Unterschiede zwischen den Konzepten

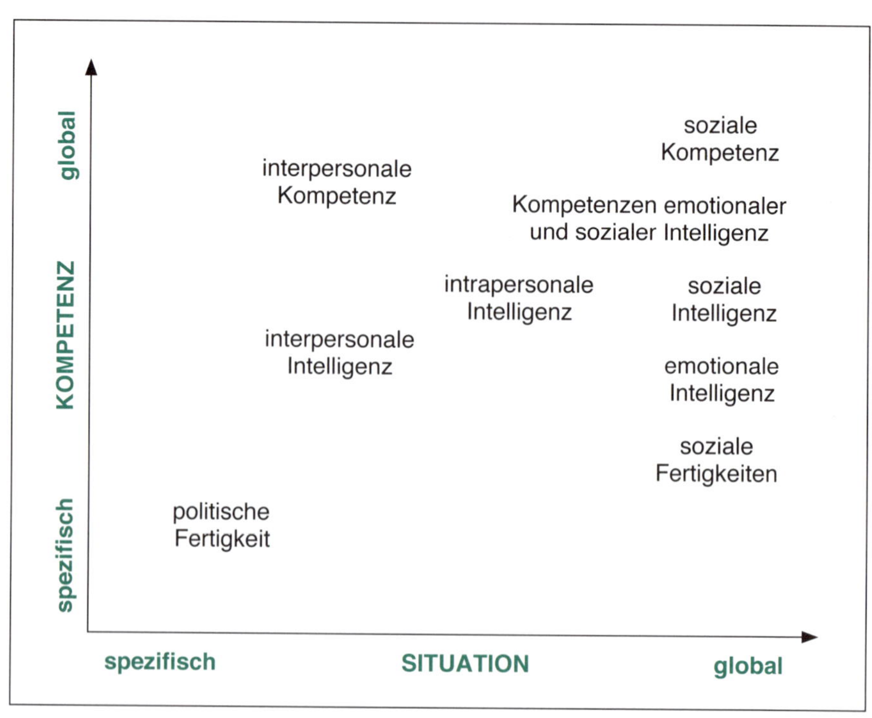


**Abbildung 4:**
Spezifität und Globalität verwandter Konzepte

(Feldman, Philippot & Custrini, 1991) sowie die Fähigkeit zur Perspektivenübernahme. Sie bietet die Basis für die Verarbeitung sozialer Informationen und die Steuerung des Sozialverhaltens. Dabei stellt sie ihrerseits einen Oberbegriff dar, unter dem mehrere Kompetenzen zusammengefasst sind. Die emotionale Intelligenz bezieht sich auf die kognitive Verarbeitung emotionaler Informationen und die Steuerung emotionaler Prozesse. Sie umfasst perzeptiv-kognitive sowie emotional-motivationale Kompetenzen. Hierzu zählt sowohl die Fähigkeit zur Reflexion der eigenen Befindlichkeit (Selbstaufmerksamkeit) als auch die Kontrolle heftiger emotionaler Reaktionen, wie etwa Aggressivität (emotionale Stabilität). Die Nutzbarmachung eigener Emotionen im sozialen Kontext (z. B. in Tränen ausbrechen, um so von anderen Menschen Hilfe einzufordern) ist hingegen behavioraler Natur und liegt somit außerhalb des Konzeptbereiches der sozialen Intelligenz. Unter sozialen Fertigkeiten verstehen wir konkrete Verhaltensweisen, die insbesondere zur praktischen Umsetzung eines Sozialverhaltens notwendig sind. Sie sind in erster Linie den behavioralen Kompetenzen zuzuordnen. Darüber hinaus beziehen sie sich auf den kognitiven Bereich und weisen daher Überschneidungen mit der sozialen bzw. der emotionalen Intelligenz auf.

Um eine allzu große Sprachverwirrung zu vermeiden, verzichten wir im weiteren Verlauf der Ausführungen auf den Gebrauch der verwandten Begriffe und fassen Forschungsergebnisse, die ggf. unter dem einen oder anderen Begriff publiziert wurden, unter dem Dach der sozialen Kompetenz zusammen.

**Schnittmengen zwischen den Konzepten**

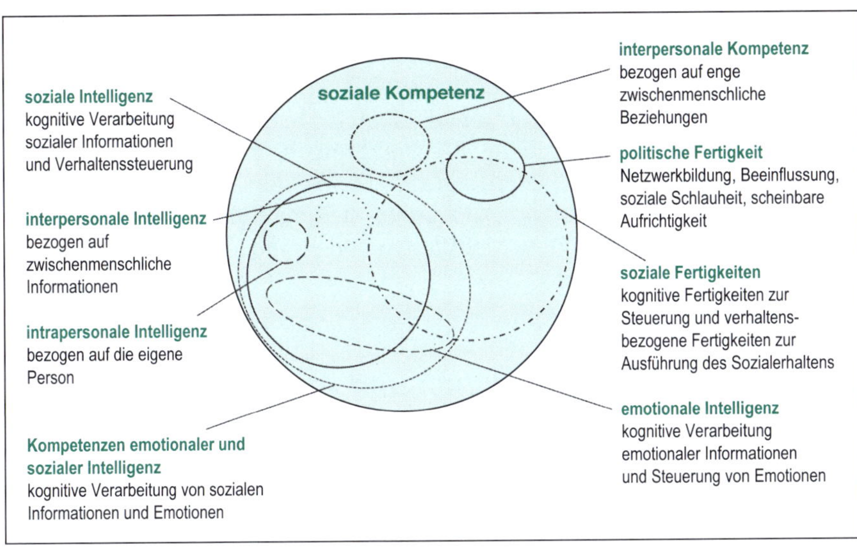


**Abbildung 5:**
Beziehung zwischen sozialer Kompetenz und verwandten Konzepten

## 1.4 Bedeutung und Nutzen sozialer Kompetenzen

Der Schwerpunkt der Erforschung sozialer Kompetenzen liegt im Bereich der Entwicklungs- sowie der Klinischen Psychologie. Hier geht es beispielsweise um die Frage, wie man Schülern ein konstruktives Konfliktverhalten beibringt oder Menschen, die unter sozialen Ängsten leiden, zu mehr Selbstsicherheit verhilft (Stough et al., 2009b). Soziale Kompetenzen gehen mit zahlreichen positiven Begleiterscheinungen einher (Kanning, 2009a):

**Positive Begleiterscheinungen sozialer Kompetenzen**

- höhere Lebenszufriedenheit (R = .54),
- positivere Lebensorientierung (R = .67),
- geringere körperliche Beschwerden (R = .48),
- bessere soziale Integration (R = .38 bis .41),
- Zufriedenheit im Studium (R = .33 bis .44) und
- geringere Beanspruchung im Studium (R = .42).

In der Personalpsychologie läuft die einschlägige Forschung meist unter Oberbegriffen, die auf den ersten Blick nichts mit sozialer Kompetenz zu tun haben. Schon auf den zweiten Blick stellt sich die Sachlage jedoch völlig anders dar. So beschäftigt sich beispielsweise die Forschung zu Führungsstilen, Mitarbeitermotivierung, Konflikten oder Gruppenarbeit mit Fähigkeiten und Fertigkeiten, die im Kern den sozialen Kompetenzen zuzurechnen sind. Es geht letztlich darum herauszufinden, welches Sozialverhalten in einem spezifischen Kontext – Führung unterstellter Mitarbeiter, Konflikte zwischen Kollegen oder Zusammenarbeit in einem Team – zielführend ist. Selbstverständlich kann an dieser Stelle keine auch nur ansatzweise umfassende Darstellung dieser sehr breit angelegten Themenfelder gegeben werden. Hier sei auf die einschlägigen Abhandlungen verwiesen (z. B. Blickle & Solga, 2014; Felfe, 2015; Nerdinger, 2014; Wegge, 2014). Die folgenden Abschnitte dienen vielmehr dazu, die grundsätzliche Relevanz sozialer Kompetenzen im Berufsleben zu verdeutlichen und einige ausgewählte Befunde beispielhaft darzustellen.

### 1.4.1 Wandel in Gesellschaft und Arbeitswelt

Mitunter sind es gesellschaftliche Entwicklungen, die ein bestimmtes Thema für Forschung und Praxis besonders interessant werden lassen. Dies scheint auch in Bezug auf die sozialen Kompetenzen zu gelten (vgl. Faix & Laier, 1989; Rosenstiel, 1999, 2014; Schuler & Barthelme, 1995). Der rasch voranschreitende wissenschaftliche Erkenntnisgewinn führt immer schneller zu einem Austausch des alten Wissens durch feiner differenziertes und vor allem umfangreicheres neues Wissen. Rosenstiel (1999) spricht in diesem Zusammenhang von der beständig sinkenden Halbwertzeit des Wissens in nahezu allen Lebensbereichen. Das Wissen, das in Ausbildung oder Studium erworben wurde, ist nach wenigen Jahren bereits in weiten Teilen überholt. In sehr vielen Organisationen wird es Vorgesetzten daher nicht mehr möglich sein, alle beruflich relevanten Informationen auf sich zu vereinigen. Stattdessen wird es mehr und mehr die Aufgabe des Vorgesetzten sein, die Beiträge seiner hoch qualifizierten Mitarbeiter zu koordinieren.

**Sinkende Halbwertzeit des Wissens**

Eine zweite wichtige Entwicklung betrifft die zunehmende Emanzipation und Individualisierung der Bevölkerung westlicher Gesellschaften (Faix & Laier, 1989; Rosenstiel, 1999). Die Mitarbeiter von heute sind weitaus weniger bereit, sich einer Autorität unterzuordnen, als ihre Eltern und Großeltern. Dort, wo man früher den Anweisungen des Chefs ohne viel Aufhebens gefolgt ist, werden heute Fragen gestellt und eigene Bedürfnisse deutlicher artikuliert. Die Führung von Mitarbeitern wird somit zu einer zunehmend schwierigen Aufgabe, deren erfolgreiche Bewältigung ein gewisses „Geschick" im Umgang mit anderen Menschen erfordert.

**Zunehmende Emanzipation und Individualisierung der Bevölkerung**

Die skizzierten Entwicklungen verändern jedoch nicht nur die Arbeitswelt der Führungskräfte. Der verstärkte Einsatz von Teamarbeit führt selbst bei Organisationsmitgliedern ohne Führungsaufgabe zu gesteigerten Anforderungen an das Sozialverhalten (Felfe, 2015; Rosenstiel & Kaschube, 2014). An die Stelle eines isolierten Nebeneinanders tritt immer häufiger ein vernetztes, sich zum Teil selbst organisierendes Miteinander. Hinzu kommt eine Stärkung des Dienstleistungsgedankens, der selbst die Arbeit staatlicher Institutionen erfasst. So werden sich z. B. Polizisten, ebenso wie Sachbearbeiter im Finanz- oder Bürgeramt in zunehmendem Maße als Angehörige eines Dienstleistungsunternehmens begreifen und ihr Verhalten gegenüber dem Bürger entsprechend modifizieren müssen (vgl. Kanning, 2002b). Auch hier werden soziale Fertigkeiten gegenüber den fachlichen Kompetenzen merklich aufgewertet. Auf beiden Ebenen wird die fachliche Kompetenz zwar eine notwendige Bedingung für beruflichen Erfolg darstellen, hinreichen wird sie in sehr vielen Fällen jedoch nicht mehr.

**Zunahme der Teamarbeit**

### 1.4.2 Soziale Kompetenz als Schlüsselqualifikation

**Voraussetzung für Erfolg in vielen Berufen**

In vielen Publikationen wird auch betont, dass soziale Kompetenzen eine besonders wichtige Voraussetzung für beruflichen Erfolg darstellen. Dabei werden unterschiedlichste Berufe genannt, denen allen eines gemeinsam ist: Es handelt sich um Tätigkeiten, bei denen der Einzelne mit anderen Menschen – insbesondere mit Kunden oder unterstellten Mitarbeitern – erfolgreich interagieren muss. Dies gilt beispielsweise für Bankkaufleute (Müller, 1999), Lehrer (Krause, 1999), Trainer (Mangels, 1995) oder andere Anbieter von Dienstleistungen (Henning-Thurau & Thurau, 1999). Eder (1996) sowie Graf (2002) verweisen in diesem Zusammenhang auf die Bedeutung sozial angemessenen Verhaltens in interkulturellen Arbeitssituationen, die in Zukunft sicherlich an Zahl und Intensität eher zu- denn abnehmen dürften. Besonders häufig wird betont, dass insbesondere Führungskräfte über soziale Kompetenzen verfügen müssten (z. B. Crisand, 2002). Aber auch der Erfolg von Arbeitsgruppen erscheint ohne eine hinreichende soziale Kompetenz der untereinander gleichgestellten Mitglieder kaum denkbar (Faix & Laier, 1989; Koreimann, 2002). Fasst man all diese Überlegungen zusammen, so überrascht es nicht, wenn soziale Kompetenz häufig als *Schlüsselqualifikation* bezeichnet wird (z. B. Crisand, 2002; Graf, 2002).

### 1.4.3 Ergebnisse ausgewählter Studien

**Big 5 und soziale Kompetenzen**

Unter den sogenannten *Big Five*, also den fünf grundlegenden Persönlichkeitsmerkmalen emotionale Stabilität, Extraversion, Offenheit für neue Erfahrungen, soziale Verträglichkeit und Gewissenhaftigkeit, finden sich mehrere Dimensionen, die sich auch in den Konstruktraum sozialer Kompetenzen einordnen lassen (vgl. Kanning, 2009a). Dies gilt insbesondere für die Extraversion sowie die soziale Verträglichkeit. Aber auch die emotionale Stabilität ist ein wichtiger Aspekt sozialer Kompetenzen. Emotional stabile Menschen sind für ihre Umwelt berechenbarer. Zudem lassen sie sich von der Kritik anderer Menschen nicht so leicht aus der Bahn werfen, was wiederum sehr nützlich ist, wenn es für sie darum geht, ihre eigenen Interessen offensiv zu vertreten. Zur Bedeutung der Big Five gibt es unzählige Studien, viele davon beziehen sich auch auf das Berufsleben.

In einer Metaanalyse belegen Tett, Jackson und Rothstein (1991) vor allem die Bedeutung der sozialen Verträglichkeit für die berufliche Leistung. Es ergibt sich eine mittlere korrigierte Korrelation zwischen sozialer Verträglichkeit und beruflicher Leistung von .33. Dies ist der höchste Zusammenhang, der gefunden werden konnte. Auf Platz zwei folgt die Offenheit für neue Erfahrungen (.27). Die emotionale Stabilität liegt auf dem dritten Platz (.22), gefolgt von Gewissenhaftigkeit (.18) und Extraversion (.16).

Nach der Metaanalyse von Salgado (1997) kann allen fünf Persönlichkeitseigenschaften eine Bedeutung für den Polizeiberuf bescheinigt werden. Dies gilt insbesondere für die emotionale Stabilität (.43, Extraversion: .20, Offenheit: .18, Verträglichkeit: .14 und Gewissenhaftigkeit: .39).

Die Ergebnisse beider Metaanalysen deuten bereits darauf hin, dass je nach Kontext und Operationalisierung des beruflichen Erfolgs die Ergebnisse unterschiedlich ausfallen (vgl. Schuler, Höft & Hell, 2014). Dies verdeutlicht auch eine Metaanalyse von Barrick, Mount und Judge (2001; vgl. Tab. 4). Die Gewissenhaftigkeit erweist sich dabei als eine Eigenschaft, die mit vielen unterschiedlichen Kriterien korreliert. Betrachten wir ein Kriterium, das ganz unmittelbar die erfolgreiche Interaktion mit anderen Menschen voraussetzt – die Leistung im Rahmen von Arbeitsgruppen –, so gewinnt die Verträglichkeit der Mitarbeiter stark an Bedeutung. Neben der Gewissenhaftigkeit spielt hier vor allem die emotionale Stabilität der Mitarbeiter eine wichtige Rolle für das Gelingen der gemeinsamen Aufgabe. Geht es speziell um den Erfolg von Führungskräften, so steigt ebenfalls die Bedeutung der emotionalen Stabilität, der Extraversion sowie der sozialen Verträglichkeit an (Bono & Judge, 2004; Judge, Bono, Ilies & Gerhardt, 2002; vgl. Tab. 4).

Neben der beruflichen Leistung wurde auch die Berufszufriedenheit als Kriterium herangezogen. Neurotizismus, Extraversion und Gewissenhaftigkeit sind der Metaanalyse von Judge, Heller und Mount (2002) zufolge die wichtigsten Prädiktoren der Berufszufriedenheit, wenn man der Betrachtung allein die Big Five zugrunde legt (vgl. Tab. 4).

Jenseits der Big Five liegen inzwischen zahlreiche Befunde zur Bedeutung sozialer Kompetenzen im beruflichen Kontext vor.

**Soziale Kompetenzen und Teamleistung**

So berichtet Koreimann (2002) von Ergebnissen, denen zufolge die soziale Kompetenz von Teammitgliedern als der wichtigste Prädiktor der *Teamleis-*

**Tabelle 4:**
Bedeutung der Big Five für unterschiedliche Maße des beruflichen Erfolgs

| Erfolgsmaß | Emotionale Stabilität | Extraversion | Offenheit | Verträglichkeit | Gewissenhaftigkeit |
|---|---|---|---|---|---|
| **Barrick, Mount & Judge (2001)** | | | | | |
| Vorgesetztenbeurteilung | .13 | .13 | .07 | .13 | .31 |
| objektive Leistung | .10 | .13 | .03 | .17 | .23 |
| Leistung bei Gruppenarbeit | .22 | .16 | .16 | .34 | .27 |
| Managementleistung | .09 | .21 | .10 | .10 | .25 |
| Leistung von Polizisten | .12 | .12 | .03 | .13 | .26 |
| **Judge, Bono, Ilies & Gerhardt (2002)** | | | | | |
| Führungseffektivität | .22 | .24 | .24 | .21 | .16 |
| Führungsqualität | .24 | .33 | .24 | .05 | .33 |
| **Bono & Judge (2004)** | | | | | |
| charismatische Führung | .17 | .22 | .22 | .21 | .05 |
| **Judge, Heller & Mount (2002)** | | | | | |
| Berufszufriedenheit | .29 | .25 | .02 | .17 | .26 |

*tung* anzusehen ist. Sie sind dabei relevanter als die methodische Kompetenz der Teammitglieder.

Soziale Kompetenz und Teamleistung

In eine ähnliche Richtung gehen die Ergebnisse von Witt und Ferris (2003), die in mehreren Studien signifikante Zusammenhänge zwischen verschiedenen Maßen sozialer Kompetenz (Politische Fertigkeit) und der *beruflichen Leistung* finden konnten (vgl. auch Kolev, 2013; Ferris et al., 2005). In der Metaanalyse von Bing, Davison, Minor, Novicevic und Frink (2011) ergaben sich signifikante Zusammenhänge sowohl zur aufgabenbezogenen Leistung als auch zur Leistung bezogen auf das Arbeitsumfeld (z. B. Unterstützung von Kollegen bei deren Arbeitsaufgaben). Letztere waren signifikant höher als Erstere (.19 vs. .26). O'Boyle, Humphrey, Pollack, Hawver und Story (2011) belegen in ihrer Metaanalyse Zusammenhänge mit verschiedenen Maßen der emotionalen Intelligenz und beruflicher Leistung in einer Größenordnung zwischen .24 und .30. Dabei besaß die emotionale Intelligenz eine inkrementelle Validität gegenüber der Intelligenz und den Big Five, was angesichts der herausragenden Bedeutung der Intelligenz für den Berufserfolg (vgl. Schmidt & Hunter, 1998) bemerkenswert ist. Kanning (2009a) findet in sechs verschiedenen Stichproben Zusammenhänge zur selbst berichteten Arbeitsleistung zwischen r=.28 und .54 (vgl. zusätzlich Tab. 5). In einer späteren Studie konnte je nach Operationalisierung der selbst eingeschätzten Leistungen ein Zusammenhang zu den eigenen sozialen Kompetenzen zwischen r=.27 und .71 belegt werden (Kanning, 2014c).

**Soziale Kompetenzen im Assessment-Center**

Scholz und Schuler (1993) zeigen in einer Metaanalyse, dass sozialen Kompetenzen eine wichtige Rolle bei der *Bewältigung von Assessment-Centern* zukommt. Gehen wir einmal davon aus, dass zumindest gute Assessment-Center in starkem Maße berufliche Situationen simulieren (Kanning & Schuler, 2014) so ist dies ein weiterer wichtiger Hinweis auf die Relevanz sozialer Kompetenzen für die berufliche Leistung. Die Höhe der Zusammenhänge in der Studie von Scholz und Schuler (1993) war dabei durchaus mit der von Intelligenzmaßen vergleichbar.

**Soziale Kompetenzen und Führungserfolg**

Zudem erweisen sich soziale Kompetenzen als besonders wichtig für den *Führungserfolg*. Transformationale Führung – ein nachweislich sehr nützlicher Führungsstil, bei dem die Führungskraft versucht, die Mitarbeiter in ihren Emotionen und ihrer Motivation auf ein gemeinsames Ziel einzuschwören (Bono & Judge, 2004), – basiert maßgeblich auf sozialen Kompetenzen (Jordan, Murray & Lawrence, 2009; Riggio, 2010). Walter und Kanning (2003) finden Belege dafür, dass die sozialen Kompetenzen der Vorgesetzten einen Einfluss auf die Zufriedenheit ihrer Mitarbeiter nehmen. Die allgemeine Arbeitszufriedenheit ließ sich über drei bereichsspezifische soziale Kompetenzen gut vorhersagen: Bemühen der Vorgesetzen um gerechte Behandlung aller Mitarbeiter, Motivierung der Mitarbeiter und Übertragung von individuellen Arbeitsaufträgen, die eigenverantwortlich bearbeitet werden können (r=.55). Noch besser als die allgemeine Arbeitszufriedenheit ließ sich die Zufriedenheit der Mitarbeiter mit ihrem Vorgesetzten prognostizieren (r=.81). Zusätzlich zu den drei bereits genannten Variablen nehmen die Teamorientierung sowie die Durchsetzungsfähigkeit des Vorgesetzten einen signifikanten Einfluss. Vergleichbare Ergebnisse erzielt Kanning (2014c) mit einem anderen Messinstrument[1] (r=.44 bzw. .50). Zudem ließen sich positive Zusammenhänge zwischen den wahrgenommenen sozialen Kompetenzen der Führungskräfte und dem Commitment ihrer Mitarbeiter nachweisen (r=.37 bis .50; Kanning, 2014c). Mehrere Untersuchungen, die sich mit den Ursachen für das Scheitern vor Führungskräften („Derailment“) beschäftigen, kommen zu dem Schluss, dass hierfür u. a. Defizite im Bereich der sozialen Kompetenzen verantwortlich sind (zusammenfassend Kanning, 2014d; Westermann & Birkhan, 2012). Dabei handelt es sich z. B. um:

- mangelnde Vertrauenswürdigkeit,
- schlechte Konfliktlösestrategien,
- mangelnde Anpassungsfähigkeit,

1 Inventar zu Messung sozialer Kompetenzen in Selbst- und Fremdbild (ISK-360°; Kanning, 2014c).

- Arroganz,
- Fassadenhaftigkeit,
- falsche Deutung interpersonaler *cues*,
- Beziehungen nicht aufbauen bzw. aufrechterhalten können,
- mangelnde Reziprozität und
- zwischenmenschliche Härte.

**Soziale Kompetenzen und Kundenzufriedenheit**

Kanning, Bergmann, Eble und Gärtner (2009) zeigten bezogen auf drei unterschiedliche Branchen, dass den sozialen Kompetenzen von Servicemitarbeitern eine überragende Bedeutung für die *Kundenzufriedenheit* zukommt (vgl. Abb. 6). Die sozialen Kompetenzen klärten bis zu 48 % der Kundenzufriedenheit auf, wobei die sozialen Kompetenzen der Servicemitarbeiter direkt von den Kunden eingeschätzt wurden, also nicht durch das Selbstbild der Betroffenen verzerrt werden konnten. An diesem Beispiel offenbart sich auch die wirtschaftliche Bedeutung sozialer Kompetenzen, schließlich ist die Kundenzufriedenheit eine bedeutsame Determinante der Kundenbindung.

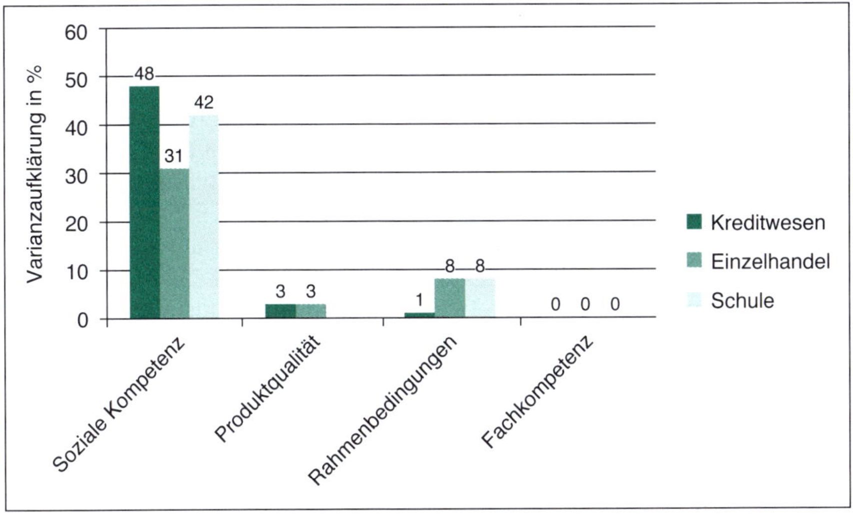


**Abbildung 6:**
Vorhersage der Kundenzufriedenheit über Merkmale der Servicemitarbeiter bzw. der Dienstleistung (Kanning et al., 2009)

**Soziale Kompetenzen und Arbeitszufriedenheit**

Darüber hinaus gehen höhere soziale Kompetenzen der Mitarbeiter auch mit höherer *Arbeitszufriedenheit* (r = .22 bis .35) sowie einer geringeren selbst wahrgenommenen *beruflichen Beanspruchung* (r = .21 bis .52; vier Stichproben; Kanning, 2009a) einher (vgl. zusätzlich Tab. 5). Offenbar erleichtern soziale Kompetenzen den Umgang mit Vorgesetzten, Kollegen und Kunden.

**Tabelle 5:**
Bedeutung sozialer Kompetenzen im beruflichen Kontext (nach Kanning, 2009a)

| Soziale Kompetenzen | Soziale Orientierung | Offensivität | Selbststeuerung | Reflexibilität |
|---|---|---|---|---|
| Arbeitszufriedenheit | .03 bis .22 | .03 bis .23 | .11 bis .33 | –.19 bis .18 |
| Arbeitsleistung | .06 bis .32 | .08 bis .48 | .04 bis .44 | .00 bis .26 |
| Berufliche Beanspruchung | –.03 bis –.15 | –.06 bis .22 | –.13 bis –.47 | .11 bis .23 |
| Netzwerkbildung | .16 bis .25 | .45 bis .52 | .17 | .20 bis .22 |
| Beeinflussung anderer | .36 bis .42 | .50 | .23 bis .24 | .23 bis .32 |
| Soziale Schlauheit | .33 bis .37 | .35 bis .46 | .23 bis .25 | .47 bis .54 |
| Scheinbare Aufrichtigkeit | .33 bis .39 | .13 bis .15 | .05 bis .07 | .29 bis .35 |
| Politische Fertigkeit | .34 bis .42 | .53 | .24 | .37 bis .41 |

*Anmerkungen:* Dargestellt werden Korrelationskoeffizienten. Die Bandbreite ergibt sich aus der Tatsache, dass z. T. mehrere Studien durchgeführt wurden.

**Unterschiede zwischen Frauen und Männern**

Folgt man gängigen Stereotypen, so sollten Frauen im Allgemeinen über höhere soziale Kompetenzen verfügen als Männer. Denkt man jedoch nur ein klein wenig darüber nach, so fällt das Urteil hinsichtlich systematischer *Geschlechtsgruppenunterschiede* weitaus schwerer. Wir haben gesehen, dass es sich bei der sozialen Kompetenz um ein multidimensionales Konstrukt handelt, das vielfältigste Fähigkeiten und Fertigkeiten unter einem Dach zusammenfasst (vgl. Tab. 3). Zu den sozialen Kompetenzen gehören so unterschiedliche Aspekte wie Durchsetzungsfähigkeit, Kompromissbereitschaft, Selbstkontrolle und Zuhören. Sozial kompetente Menschen reflektieren ihr eigenes Handeln, gehen Konflikten nicht aus dem Weg, helfen anderen, sind entscheidungsfreudig und vieles mehr. In Abhängigkeit davon, welche einzelne soziale Kompetenz man in den Fokus nimmt, wären entweder höhere Werte bei den Männern oder höhere Werte bei den Frauen zu erwarten. Kanning (2009a) überprüfte die Geschlechtsgruppenunterschiede für die vier übergeordneten Faktoren des Inventars sozialer Kompetenzen (ISK; vgl. Abschnitt 3.4). In einer Gesamtstichprobe von über 4 000 Menschen ergaben sich nur geringfügige Unterschiede, wobei in Abhängigkeit von den jeweiligen Kompetenzen manchmal die Männer, ein anderes Mal die Frauen höhere Punktwerte erzielten. Männer weisen in ihrer Selbsteinschätzung höhere Mittelwerte bei der Offensivität (SW[2] = 101.28 vs. 99.07) und Selbststeuerung (SW = 102.57 vs. 98.03), Frauen hingegen bei der Sozialen Orientierung (SW = 101.78 vs. 97.74) und Reflexibilität

2 SW = Standardwert

(SW = 101.36 vs. 98.37) auf. Sofern Unterschiede vorhanden sind, entsprechen diese sogar den Stereotypen, nur ist es eben nicht möglich zu sagen, dass die eine oder die andere Gruppe grundsätzlich sozial kompetenter wäre als die andere. Zudem sind die Unterschiede weitaus geringer, als wohl die meisten Menschen auf den ersten Blick vermuten würden. Besonders deutlich wird dies, wenn wir uns die Häufigkeitsverteilungen anschauen. In Abbildung 7 wird dargestellt, wie viel Prozent der Gesamtstichprobe des Inventars sozialer Kompetenzen (ISK; Kanning, 2009a) unterschiedlich niedrige bzw. hohe Ausprägungen in der sozialen Orientierung aufweisen. Dabei wird zwischen Frauen und Männern unterschieden. Im Mittelwert erzielen Frauen höhere Werte als Männer, die beiden Häufigkeitsverteilungen beider Gruppen liegen jedoch keineswegs nebeneinander, sondern überschneiden sich massiv. Die geringsten Punktwerte weisen Männer auf. Unmittelbar daneben finden sich aber auch schon Frauen, die eine äußerst geringe soziale Orientierung besitzen. Beim höchsten Punktwert treffen wir auf Frauen, dicht daneben liegen aber auch schon einige Männer, die über eine sehr hohe soziale Orientierung verfügen. Die Abbildung verdeutlicht sehr schön, wie extrem vereinfachend die Aussage ist, dass Frauen sozial orientierter sind als Männer. Spiegelbildlich verhält es sich bei der Offensivität, bei der Männer im Durchschnitt höhere Werte aufweisen als Frauen (vgl. Abb. 8). Auch hier findet eine sehr starke Überschneidung der beiden Häufigkeitsverteilungen statt.

Im Mayer-Salovey-Caruso Tests zur Messung der emotionalen Intelligenz (MSCEIT) beträgt der statistische Zusammenhang zwischen dem Geschlecht der Probanden und der Ausprägung der emotionalen Intelligenz gerade ein-

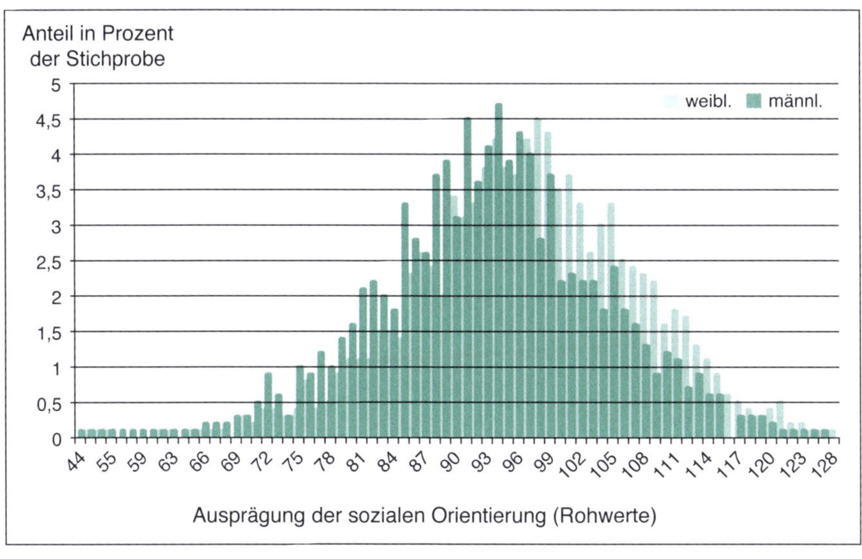


**Abbildung 7:**
Häufigkeitsverteilung von Frauen und Männern bezogen auf ihre soziale Orientierung

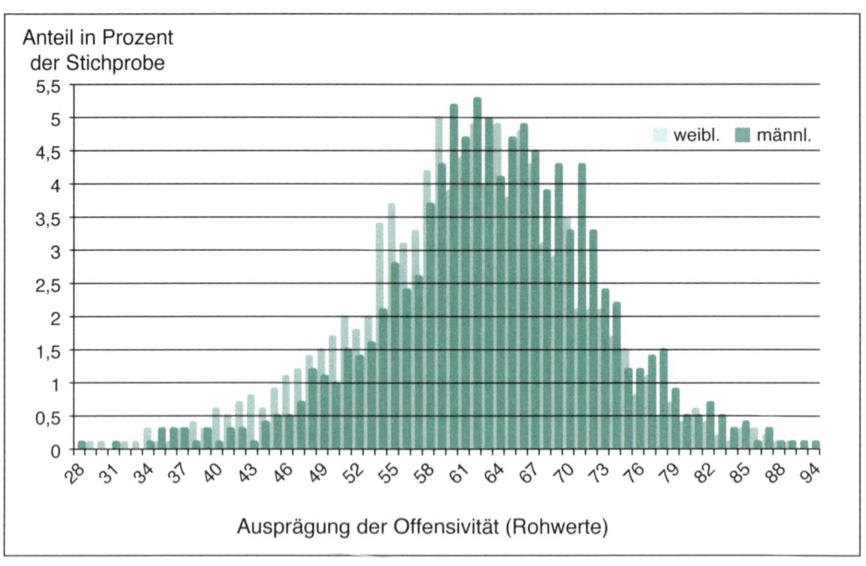


**Abbildung 8:**
Häufigkeitsverteilung von Frauen und Männern bezogen auf ihre Offensivität

mal 2.6 % (r = .16; Steinmayer et al., 2011). Hierbei handelt es sich um einen Leistungstest und nicht um einen Fragebogen zur Selbsteinschätzung. Die Befunde können also im Gegensatz zu Untersuchungen mit Fragebögen zur Selbsteinschätzung, wie z B. dem ISK (Kanning, 2009a), nicht durch das Selbstbild der untersuchten Personen verzerrt werden.

Insgesamt spiegelt sich in diesen Ergebnissen ein Befund wieder, der in der Persönlichkeitsforschung schon seit Jahrzehnten bekannt ist: Die Unterschiede zwischen den einzelnen Individuen sind sehr viel größer als die Unterschiede zwischen den Geschlechtergruppen. Man könnte auch sagen, die Gemeinsamkeiten von Frauen und Männer überwiegen bei Weitem die Unterschiede. Nur scheint es viel interessanter zu sein, sich mit den Unterschieden als mit den Gemeinsamkeiten zu beschäftigen. In unserer Alltagswahrnehmung neigen wir dazu, die bestehenden Unterschiede zwischen den Gruppen zu akzentuieren und gleichzeitig die Ähnlichkeit innerhalb jeder Gruppe zu überschätzen (vgl. Tajfel, 1978). Hierdurch wird die Welt leichter durchschaubar, auch wenn wir uns dabei einer stark verzerrten Sichtweise bedienen.

**Führen Frauen anders als Männer?**

Besonders brisant wird die Alltagsannahme einer großen Unterschiedlichkeit in den sozialen Kompetenzen, wenn es um das *Führungsverhalten* geht. Ein Blick in die Führungsforschung zeigt, dass Führungsverhalten in besonders starkem Maße durch die sozialen Kompetenzen der Führungskräfte beeinflusst wird (vgl. Rosenstiel & Kaschube, 2014). Neben der Intelligenz (Ones & Dilchert, 2009) und Leistungsmotivation (Schuler & Prochaska,

2001) dürften die sozialen Kompetenzen die wichtigste Basis für erfolgreiches Führungsverhalten darstellen. Vor dem Hintergrund der skizzierten Stereotype sozialer Kompetenzen nimmt manch einer an, dass Frauen bessere oder zumindest doch deutlich andere Führungskräfte wären (vgl. Ardelt & Berger, 1995; Obermann & Weber, 1997; Schaufler, 2000). Die Forschung bestätigt dies insgesamt nicht. Entweder findet man nur geringfügige Unterscheide im Führungsverhalten oder aber gar keine (Cuadrado, Navas, Molero, Ferrer & Morales, 2012; Hopkins & Bilimoria, 2008; Taylor & Hood, 2010). Wobei allerdings andere Menschen (Mitarbeiter, Vorgesetzte) des Öfteren geringfügige Unterschiede wahrnehmen, die wiederum den Stereotypen entsprechen bzw. stereotype Erwartungen an das Führungsverhalten ihrer Vorgesetzten haben (Johnson, Murphy, Zewdie & Reichard, 2008; Taylor & Hood, 2010). Bei Emmerik, Euwema und Wendt (2008) klärt das Geschlecht der Führungskräfte gerade 0.25 bis 1.96 % der Varianz ihres Führungsverhaltens auf (Aufgaben- bzw. Mitarbeiterorientierung). Die Ergebnisse beziehen sich dabei auf 64 000 Menschen, die das Führungsverhalten ihrer Vorgesetzten (mehr als 13 000 Menschen) einschätzen sollten. Barbuto, Fritz, Matkin und Marx (2007) fanden in einem Geschlechtervergleich bezogen auf mehr als 15 Facetten der Führung nur in einem einzigen Fall einen signifikanten Unterschied, und zwar dergestalt, dass Männer in der Wahrnehmung ihrer Mitarbeiter geringfügig höhere Werte erzielten als Frauen.

Dass es de facto keine oder nur geringe Unterscheide in den sozialen Kompetenzen bzw. dem Führungsverhalten von Frauen und Männern gibt, ist keineswegs verwunderlich. Die ohnehin in der Bevölkerung nur tendenziell vorhandenen Unterschiede zwischen den Gruppen reduzieren sich aufgrund von Prozessen der Selektion und Sozialisation: Der Führungsnachwuchs entspricht keiner repräsentativen Zufallsstichprobe der Gesamtbevölkerung. Vielmehr ist es so, dass nicht alle Menschen Führungspositionen anstreben bzw. erfolgreich entsprechende Auswahlverfahren durchlaufen. Aufgrund ähnlicher Motive und ähnlicher Fähigkeiten geraten Frauen und Männer in Führungspositionen, die einander ähnlicher sind als der Durchschnitt der Bevölkerung (Selektion). Durch die Erfahrungen im Berufsleben, insbesondere in Führungspositionen, verändern sich die Betroffenen zudem in Richtung auf eine weitere Angleichung ihres Verhaltens (Sozialisation). Letztlich geht es ja nicht darum, „als Frau“ oder „als Mann“ zu führen, sondern erfolgreich zu führen.

**Warum sind weniger Frauen in Führungspositionen**

Dass Frauen in Führungspositionen deutlich seltener vertreten sind als Männer, hat mithin wohl kaum etwas mit ihren Kompetenzen zu tun. Verantwortlich hierfür sind andere Faktoren, wie etwa die Führungsmotivation (Elprana, Stiehl, Gatzka & Felfe, 2012), vor allem aber die schlechte Qualität vieler Personalauswahlverfahren, in denen dem „Bauchgefühl“, der „Erfahrung“ oder der „Menschenkenntnis“ – alles schmeichelhafte Umschreibungen für das Phänomen „Messfehler“ – mehr Raum gegeben wird als nachweislich wirksamen Methoden (Kanning, in Vorbereitung). Wer aufgrund des Geschlechts die eine oder andere Gruppe bevorzugt, handelt nicht vor dem Hintergrund rationaler Überlegungen, sondern bedient sich verbreiteter Stereotype. Letztlich kommt es in jedem Unternehmen darauf an, das richtige Individuum für eine bestimmte Aufgabe zu finden. Die Emanzipation von Frauen und Männern ließe sich wohl am besten fördern, wenn man jeden Menschen als Individuum mit bestimmten Eigenschaften und nicht primär als Vertreter einer sozialen Gruppe betrachten würde.

## 1.5 Fazit

Soziale Kompetenzen bilden die Basis für kompetentes Verhalten. Dabei haben wir es mit einem ganzen Bündel relevanter Wissensbestandteile, Fähigkeiten und Fertigkeiten zu tun. Sozial kompetentes Verhalten bedeutet keineswegs automatisch *softes* Verhalten. Je nach Kontext kann ein und dasselbe Verhalten als kompetent oder auch als nicht kompetent gelten. Insofern ist sozial kompetentes Verhalten – im Gegensatz zu den zugrunde liegenden Kompetenzen – situationsspezifisch. Seine Bestimmung setzt zumindest implizit einen sozialen, einen evaluativen und einen temporalen Bezugspunkt voraus.

**Beruflicher Erfolg hängt von vielen Variablen ab**

Auch wenn die bisherige Forschung noch weit davon entfernt ist, ein in sich geschlossenes Erklärungsmuster erfolgreichen Sozialverhaltens vorzulegen, so unterstreichen doch die bereits vorliegenden Befunde die Bedeutung des Themas für das Personalmanagement. Soziale Kompetenz bzw. sozial kompetentes Verhalten ist wichtig für den Erfolg in vielen Berufen. Dabei kann der berufliche Erfolg eines Menschen sehr unterschiedlich definiert werden. Im produzierenden Bereich könnte man z. B. die Anzahl der produzierten Güter pro Zeiteinheit heranziehen. Andere Indikatoren wären das Gehalt, die Geschwindigkeit, mit der ein Mitarbeiter innerhalb des Unternehmens aufsteigt, die eigene Arbeitszufriedenheit oder die Zufriedenheit von Kunden und nachgeordneten Mitarbeitern. Wie auch immer der Erfolg im konkreten Falle definiert wird, er ist immer das Ergebnis eines komplexen Zusammenspiels vieler Faktoren. Wohl niemand wird ernsthaft behaupten, dass beispielsweise der Erfolg eines Versicherungsvertreters zu 100 % durch seine Fähigkeit zur Perspektivenübernahme oder durch Extraversion determiniert sei. Natürlich spielt es auch eine Rolle, ob er über hinreichend fachliche Kompetenzen verfügt, eine hohe Leistungsmotivation aufweist oder den Argumenten seiner Gesprächspartner intellektuell folgen kann. Hinzu kommt, dass Kompetenzen im Sinne unserer Definition (vgl. Kap. 1.1.3) als Potenzial verstanden werden. Selbst dann, wenn ein Mitarbeiter über die notwendigen Kompetenzen zum erfolgreichen Handeln verfügt, bedeutet dies nicht, dass die vorhandenen Potenziale automatisch auch immer in ein adäquates berufliches Handeln umgesetzt werden. Eine große Bedeutung kommt in diesem Zusammenhang der Arbeitsumwelt – also dem Verhalten von Kollegen und Vorgesetzten, den bereitgestellten Werkzeugen, strukturellen Restriktionen u. Ä. – zu (vgl. Abb. 9). So mag beispielsweise der Versicherungskaufmann A weitaus weniger erfolgreich sein als sein Kollege B, weil in seinem Bezirk besonders viele einkommensschwache Familien leben. Dieses Defizit kann er trotz hervorragender sozialer Kompetenzen nicht kompensieren. Jede einzelne soziale Kompetenz ist somit nur ein kleiner Stein im großen Mosaik des beruflichen Erfolgs. All dies gilt es grundsätzlich zu bedenken. Die sozialen Kompetenzen erklären das Phänomen des beruflichen Erfolgs niemals vollständig. Sie sind jedoch ein so wichtiger Faktor, dass sie in den allermeisten Berufen, in der Personalauswahl sowie der Personalentwicklung berücksichtigt werden sollten. Hierzu wertvolle Anregungen zu liefern ist die zentrale Aufgabe der nachfolgenden Kapitel.

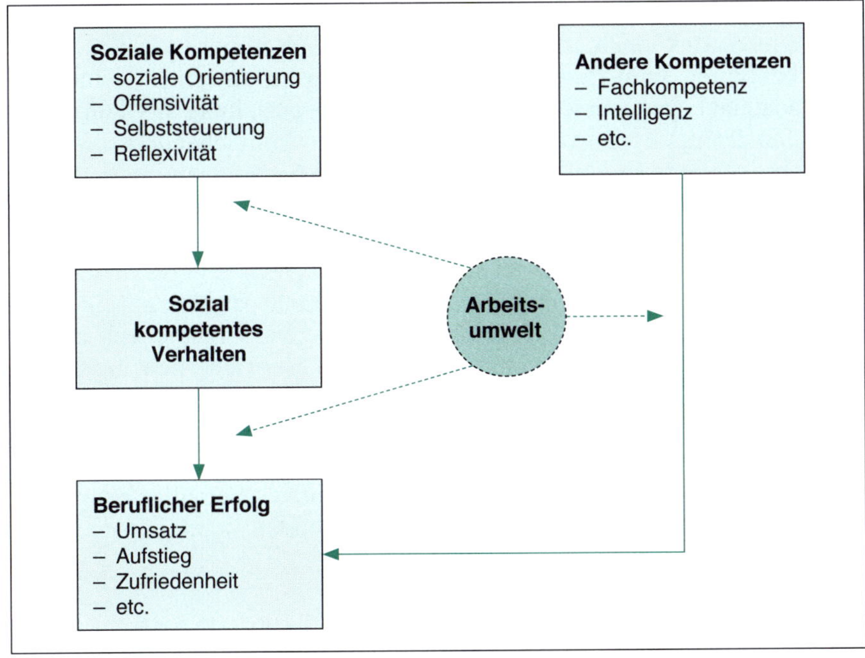


**Abbildung 9:**
Hypothetische Beziehung zwischen sozialen Kompetenzen und beruflichem Erfolg

# 2 Modelle der Entstehung und Förderung sozial kompetenten Verhaltens

Soziale Kompetenzen als Potential

Die sozialen Kompetenzen bilden im Sinne eines *Potentials* (Ford, 1985) die Grundlage sozial kompetenten Verhaltens. Wer über hinreichend Kompetenzen verfügt, wird bestimmte soziale Situationen mit einer größeren Wahrscheinlichkeit erfolgreich meistern als jemand, dessen Kompetenzen defizitär ausgeprägt sind. Eine Garantie für exzellentes Sozialverhalten in jedweder Situation bieten soziale Kompetenzen jedoch nicht. Fast jeder Personaltrainer hat es schon einmal erlebt, dass ein bislang reibungslos ablaufendes Verhaltenstraining wie aus heiterem Himmel plötzlich nicht funktionieren will. Obwohl der Trainer im Allgemeinen gut mit Menschen umgehen kann und glaubt, nach dem 20. Trainingsdurchlauf auf alle Situationen richtig reagieren zu können, tritt eine Situation auf, die er nicht sogleich in den Griff bekommt. Zum Beispiel kann er der Abwehr einzelner Teilnehmer nicht adäquat begegnen, woraufhin die ganze Veranstaltung aus dem Ruder zu laufen droht. Gewiss verfügt der Trainer über hinreichende Kompetenzen, die er bereits in vielen ähnlich gelagerten Situationen unter Beweis stellen konnte. Möglicherweise hat er die Situation diesmal nicht gleich zu Beginn richtig eingeschätzt und daher auf falsche Verhaltensstrategien zurückgegriffen. Vielleicht war er mit seinen Gedanken ganz woanders und hat sich nicht sorgfältig genug mit seinen Gesprächspartnern auseinandergesetzt. Die Ursachen sind nicht offensichtlich. Wir sehen jedoch an diesem Beispiel und an vielen weiteren, die jeder Leser sicherlich aus seinem eigenen Leben kennt, dass die vorhandenen Kompetenzen nicht automatisch auch in jeder Situation zu kompetentem Verhalten führen. Will man die Ursachen ergründen, so muss man zunächst der Frage nachgehen, auf welchen Wegen vorhandene Potenziale in situatives Verhalten umgesetzt werden. Genau dies ist die Aufgabe des vorliegenden Kapitels.

## 2.1 Elaborierte Steuerung des Sozialverhaltens

Bislang existiert keine etablierte Theorie sozial kompetenten Verhaltens, die – wie man es sich wünschen würde – über viele Jahre hinweg einer intensiven empirischen Überprüfung zugeführt worden wäre. Stattdessen stoßen wir auf eine bunte Vielfalt oft nur wenig beachteter Modelle. Die Zielrichtungen und auch der Nutzen der verschiedenen Theorien für das Personalmanagement sind sehr unterschiedlich. Der Ansatz von DuBois und Felner (1996) hebt z. B. die Bedeutung der Interaktion zwischen den Eigenschaften des Menschen und seiner Umwelt für die Ausbildung kompetenten Verhaltens hervor. Auf der Ebene der Eigenschaften werden kognitive, behaviorale, emotionale und motivationale Kompetenzen unterschieden. Konkrete

Aussagen für die Entstehung oder Verhinderung sozial kompetenten Verhaltens am Arbeitsplatz sind allein schon aufgrund des sehr abstrakten Analyseniveaus kaum vorzunehmen. Betrachten wir die Modelle im Überblick, so lassen sich grob drei Traditionen unterscheiden.

**Kommunikationsmodelle**

Modelle der ersten Gruppe stehen in der Tradition der *Kommunikationsforschung*. So beschreibt z. B. Riggio (1986) sozial kompetentes Verhalten als Kommunikationsprozess, bei dem eine Botschaft gesendet, die Botschaften anderer Menschen empfangen und das eigene Verhalten kontrolliert werden muss. Dies gilt sowohl für sozial-verbale als auch für emotional-nonverbale Botschaften. Ähnliche Überlegungen stellen Halberstadt, Denham und Dunsmore (2001) an.

**Kognitionsmodelle**

Modelle der zweiten Art stehen in der Tradition der *Kognitionsforschung*. Sie beschäftigen sich mit Enkodierung und Speicherung von Informationen sowie den Entscheidungsprozessen, die letztlich zur Auswahl eines bestimmten Sozialverhaltens führen. Hierzu zählen u. a. die Modelle von McFall (1982) sowie Crick und Dodge (1994).

**Handlungsmodelle**

Die dritte recht umfangreiche Modellgruppe basiert auf der Tradition der *Handlungstheorie* (z. B. Argyle, 1967; Greif, 1987, Hinsch & Pfingsten, 2007; Hinsch & Wittmann, 2010). Sie gehen davon aus, dass sozial kompetentes Verhalten das Ergebnis der zielgerichteten Analyse einer aktuellen Situation darstellt. Mit dieser Modellgruppe wollen wir uns intensiver auseinandersetzen, da die Handlungstheorie eine sehr lebensnahe und damit auch praxisrelevante Analysemöglichkeit darstellt. Überdies lassen sich die beiden übrigen Ansätze ohne größere Schwierigkeiten in ein handlungstheoretisches Modell einfügen.

Die Bezeichnung „Handlungstheorie" ist leicht irreführend, da sie die Assoziation nahe legt, es handele sich um eine einzelne Theorie. De facto existieren viele unterschiedliche Handlungstheorien, die jedoch alle den gleichen Prinzipien verpflichtet sind (vgl. Kanning, 2001). Der Ansatz findet in den 60er Jahren des 20. Jahrhunderts als Reaktion auf die Dominanz des Behaviorismus Verbreitung (Miller, Galanter & Pribram, 1960). Im Gegensatz zum Behaviorismus betrachtet man den Menschen nicht primär als ein durch seine Umwelt gesteuertes Wesen, sondern hebt die Fähigkeit zur Selbststeuerung hervor. In der Folge beschäftigen sich Handlungstheorien nur mit einem bestimmten Ausschnitt menschlichen Verhaltens, eben gerade dem zielgerichteten Verhalten. Die Steuerung des zielgerichteten Verhaltens folgt einem fünfstufigen Regelkreismodell, das in Abbildung 10 dargestellt ist.

Am Anfang steht die Situationsanalyse. Der Handelnde orientiert sich im Hinblick auf Zeit und Raum, etwaige Interaktionspartner, gesellschaftliche Konventionen und ähnliche Informationen, die für ihn und sein Verhalten wichtig sind. In einem zweiten Schritt definiert er ein Ziel seiner Handlung.

Während die Situationsanalyse einen Ist-Zustand beschreibt, formuliert der Handelnde nun einen Soll-Zustand. Dabei setzt er die Realität in eine Beziehung zu seinen eigenen Bedürfnissen. In Phase 3 generiert er ein Verhalten, das seiner Meinung nach in der Lage ist, den Ist-Zustand in den anvisierten Soll-Zustand zu überführen. Anschließend erfolgt in Phase 4 die eigentliche Handlung, die der Zielerreichung dienen soll. Während alle bisherigen Phasen allein im Kopf des Handelnden abgelaufen sind, haben wir es nun zum ersten Mal mit einem sichtbaren Verhalten zu tun. Den Abschluss des Handlungszyklus bildet in Phase 5 die Evaluation. Der Handelnde vergleicht nun Ist- und Soll-Zustand dahingehend, ob der Ist-Zustand erfolgreich in den Soll-Zustand überführt werden konnte. Ist dies der Fall, so ist der Prozess der Handlungssteuerung an dieser Stelle beendet. Weichen Ist- und Sollzustand hingegen in bedeutsamer Weise voneinander ab, so setzt sich der Prozess kreislaufförmig fort. Erneut werden die Spezifika der nunmehr veränderten Situation analysiert, ein Ziel definiert und so fort, bis hin zur nächsten Evaluation.

**Regelkreis der Handlungstheorie**

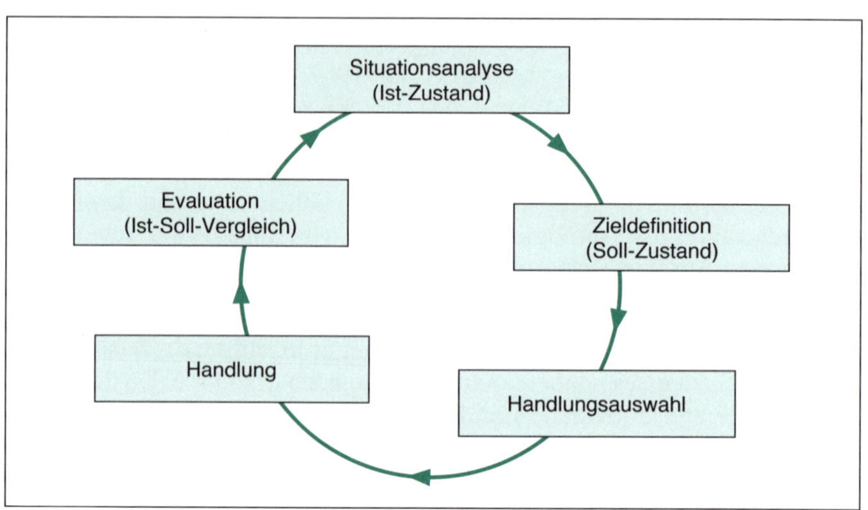


**Abbildung 10:**
Der Regelkreis der Handlungstheorie

Der handlungstheoretische Ansatz ist so abstrakt gehalten, dass man mit seiner Hilfe jedwedes zielgerichtete Verhalten beschreiben und in groben Zügen auch erklären kann. Die ursprünglichen Modelle beziehen sich denn auch gar nicht auf das Sozialverhalten des Menschen. Handlungstheoretische Modelle sozial kompetenten Verhaltens (z. B. Argyle, 1967; Borgart, 1985; Greif, 1987; Hinsch & Pfingsten, 2007) übertragen die allgemeinen Prinzipien des Regelkreises auf das Verhalten in sozialen Situationen. Auch sie bleiben jedoch sehr allgemein. Zwar beschreiben sie die Entstehung von

Sozialverhalten, vernachlässigen dabei aber die Unterscheidung zwischen kompetentem und inkompetentem Verhalten. Sie schildern lediglich, wie die Verhaltenssteuerung ablaufen kann. Diesem Defizit wollen wir im Folgenden begegnen, indem wir ein handlungstheoretisches Modell vorstellen, das sich explizit auf die Genese sozial kompetenten Verhaltens bezieht (Kanning, 2002a). Da die Handlungstheorie immer von einem rational denkenden Menschen ausgeht, der seine Umwelt und das eigene Handeln sorgfältig analysiert, nennen wir es ein *Modell der elaborierten Steuerung des Sozialverhaltens*. Wie später noch zu sehen sein wird, ist das sorgfältig analysierende Vorgehen jedoch nicht die einzige Möglichkeit, um zu einem sozial kompetenten Verhalten gelangen zu können. Abbildung 11 gibt einen Überblick über das Modell.

**Modell der elaborierten Steuerung des Sozialverhaltens**

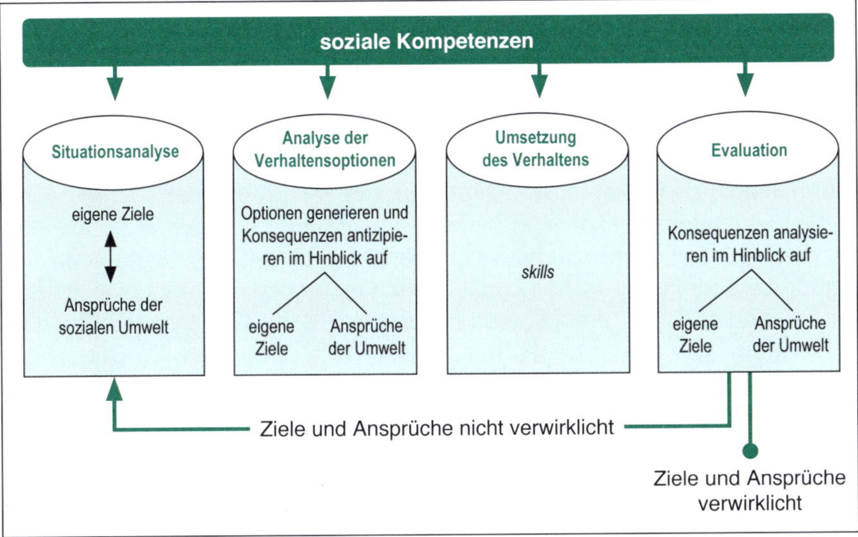


**Abbildung 11:**
Modell der elaborierten Steuerung des Sozialverhaltens

**Situationsanalyse**

Am Anfang steht erneut die *Situationsanalyse*. Im Sinne unserer Definition sozial kompetenten Verhaltens (Kapitel 1.1.3) muss sich der Handelnde über zwei Dinge im Klaren sein. Zum einen muss er eigene Ziele definieren, die er in der aktuell vorliegenden Situation verwirklichen möchte, zum anderen muss er erkennen, welche Ansprüche die soziale Umwelt an sein Verhalten stellt. Auf den ersten Blick erscheint diese Aufgabe sehr leicht, bei genauerer Betrachtung offenbart sich uns jedoch die Vielschichtigkeit der Situationsanalyse. Verdeutlichen wir uns dies an einem einfachen Beispiel: Der Mitarbeiter einer Unternehmensberatung sitzt der Personalchefin eines mittelständischen Unternehmens gegenüber. In dem Gespräch geht es um die Entwicklung eines neuen Personalauswahlverfahrens, das die Personalchefin bei einer externen Firma in Auftrag geben möchte. Der Berater muss zunächst einmal ein eigenes Handlungsziel oder auch mehrere Ziele definieren. Hierbei stellt sich das Problem, dass manche Ziele im Widerspruch zueinander stehen können. Einige dieser Ziele können kurzfristig verwirklicht werden, während andere sich nur langfristig realisieren lassen. Darüber hinaus wird sich der Berater nicht allen Zielen in gleicher Weise verbunden fühlen. Gerade im Berufsleben werden Handlungsziele oft durch den Arbeitsauftrag bestimmt. In unserem Beispielfall konkurrieren zwei Ziele miteinander. Der offizielle Auftrag besteht darin, der Personalchefin in jedem Falle ein Produkt zu verkaufen, das darüber hinaus möglichst gewinnbringend sein sollte. Dieses Ziel kann kurzfristig verwirklicht werden. Der Berater hat aber auch Gefallen an seiner Gesprächspartnerin gefunden und möchte den Kontakt langfristig zu einer intensiveren zwischenmenschlichen Beziehung ausbauen. Das zweite Ziel ist langfristig angelegt und lässt sich sicherlich nur schwer realisieren, wenn der Berater seiner Gesprächspartnerin geschäftlichen Schaden zufügt, indem er ihr ein schlechtes Produkt verkauft. Entweder entscheidet sich der Berater, eines der beiden Ziele komplett aufzugeben, oder aber er strebt einen Kompromiss an. Ähnlich anspruchsvoll ist die Definition der Ansprüche der sozialen Umwelt. Je nachdem, welchen Ausschnitt der sozialen Umwelt er heranzieht, ergeben sich unterschiedliche Anspruchsdefinitionen, die ebenfalls im Widerspruch zueinander stehen können. Die Personalchefin möchte sicherlich ehrlich und zuvorkommend beraten werden. Für die Kollegen des Beraters zählt allein, wie viele Geschäfte er in der zurückliegenden Woche erfolgreich abwickeln konnte. In der Situationsanalyse kommen vor allem soziale Kompetenzen zum Einsatz, die sich auf die Wahrnehmung und gedankliche Auseinandersetzung mit sozialen Situationen beziehen (vgl. Tab. 3 auf S. 9). Der Berater benötigt Wissen über soziale Sachverhalte, Rollen, Normen und Werte (Kosmitzki & John, 1993). Er muss seine eigenen Bedürfnisse reflektieren und sich in andere Menschen hineinversetzen können. Hierzu müssen u. a. sozial relevante Informationen aus dem Gedächtnis abgerufen bzw. aus dem Verhalten anderer Menschen erschlossen werden (Crick & Dodge, 1994; Halberstadt, Denham & Dunsmore, 2001).

**Analyse der Verhaltensoptionen**

Nachdem die Situation hinreichend analysiert wurde, geht es in der zweiten Phase um die *Analyse der Verhaltensoptionen*. Es stellt sich dem Berater nun die Frage, welche Verhaltensweisen in der aktuellen Situation dazu geeignet sind, die zuvor definierten Ziele möglichst weitgehend zu verwirklichen und dabei gleichzeitig den Ansprüchen der sozialen Umwelt Genüge zu leisten. Das Ergebnis der Analyse hängt davon ab, welche Verhaltensoptionen der Berater generieren kann und wie er die Konsequenzen der unterschiedlichen Verhaltensoptionen einschätzt. Geht es ihm darum, seiner Gesprächspartnerin zu gefallen, so bieten sich hierzu sicherlich sehr viele Verhaltensstrategien an. Er könnte ihr Komplimente machen, Fachkompetenz demonstrieren, witzig sein, betont seriös wirken, Vertrauen erwecken, durch aufmerksames Zuhören und Nachfragen Interesse an ihrer Person bekunden, durch eine kritische Haltung zu seinem eigenen Arbeitgeber die eigene Souveränität unterstreichen und vieles mehr (vgl. Mummendey, 1995). Steht für ihn der Abschluss eines lukrativen Geschäftes im Vordergrund, so könnte er auf seine langjährige Berufserfahrung verweisen, das Renommee der Beratungsfirma akzentuieren, Erfolgszahlen vorlegen, individuelle Kundenwünsche erfragen und deren Umsetzung zusichern, Sonderkonditionen anbieten und das Produkt in den schillerndsten Farben anpreisen.

Wir sehen, einige der Verhaltensoptionen sind durchaus geeignet, mehrere unterschiedliche Ziele gleichzeitig zu verwirklichen. Beispielsweise dürfte eine intensive Auseinandersetzung mit den individuellen Kundenwünschen nicht nur verkaufsfördernd wirken, sondern auch die Sympathie der Personalchefin für den Berater erhöhen. Jede Handlung, die der Berater später zeigt, kann sich immer nur aus dem Repertoire der generierten Optionen ergeben. Rücken bestimmte, vielleicht sogar besonders zielführende Optionen nicht in seinen Blick, so können sie auch nicht in die Tat umgesetzt werden. Dabei müssen nicht zwangsläufig alle Optionen von dem Berater selbst generiert werden. Einige Verhaltensstrategien hat er vielleicht in seiner Ausbildung gelernt oder sich im Gespräch mit erfahreneren Kollegen erschlossen. Ehe nun aber ein bestimmtes Verhalten tatsächlich gezeigt wird, müssen die Optionen erst einmal auf ihren Nutzen hin überprüft werden. Der Berater antizipiert für jede einzelne Option, inwieweit sie einerseits der Verwirklichung eigener Ziele zuträglich ist und andererseits mit den Ansprüchen der sozialen Umwelt im Einklang steht. Hierbei kann der Berater auf eigene Erfahrungen, Plausibilitätsbetrachtungen oder die Erfahrungen anderer Menschen (Ausbilder, Kollegen etc.) zurückgreifen. Über die Qualität der zweiten Phase im Prozess der Handlungssteuerung entscheiden somit erneut perzeptiv-kognitive Kompetenzen (z. B. Reflexibilität) der Handelnden. Er muss über sozial relevantes Handlungswissen verfügen und neben den Konsequenzen der Handlung für die eigene Person auch etwaige Reaktionen des sozialen Umfeldes prognostizieren. Dabei spielt die Überzeugung, ein bestimmtes Verhalten auch tatsächlich erfolgreich umsetzen zu können, eine wichtige Rolle (Internalität; vgl. Tab. 3). Nur dann, wenn der Berater sich die erfolgreiche Umsetzung eines an sich sinnvollen Verhaltens zutraut, kann er mit positiven Konsequenzen rechnen. Darüber hinaus sind emotional-motivationale Kompetenzen von Bedeutung. In der Regel wird es kaum eine Strategie geben, die die Interessen beider Parteien – also sowohl die des Beraters als auch die der sozialen Umwelt – optimal verwirklicht. Hier gilt es also, Wertentscheidungen zugunsten der einen oder anderen Seite bzw. zugunsten des einen oder anderen Zieles zu treffen. Derartige Entscheidungen werden z. B. durch die Prosozialität (Bierhoff, 2002) sowie den Wertepluralismus (Anton & Weiland, 1993) des Beraters beeinflusst. Ist die Entscheidung überdies sehr schwierig, führt sie den Berater vielleicht sogar in einen Gewissenskonflikt, so hilft ihm ein gewisses Maß an emotionaler Stabilität bei der rationalen Bewältigung der Aufgabe (Anton & Weiland, 1993; Argyle, 1967).

**Umsetzung des Verhaltens**

Nachdem in Phase 2 ein potenziell geeignetes Verhalten identifiziert wurde, kommt es in der dritten Phase zur *Umsetzung des Verhaltens*. Während sich der Berater zuvor nur ausgemalt hat, wie es sein würde, wenn er Option A vs. Option B einsetzt, wird die Sache nun gewissermaßen ernst. Der Interaktionspartner – in unserem Beispiel also die Personalchefin – wird mit dem Ergebnis der bislang im Verborgenen liegenden Analysen konfrontiert. Selbst dann, wenn die bisherige Analyse hervorragend war und der Berater ein optimal geeignetes Verhalten identifiziert hat, bedeutet dies nicht, dass zwangsläufig nun auch ein kompetentes Sozialverhalten resultiert. Die Umsetzung des geplanten Verhaltens setzt voraus, dass der Handelnde prinzipiell über die nötigen Fertigkeiten verfügt und diese vorhandenen Fertigkeiten in der aktuellen Situation auch wirklich einsetzen kann. Möchte unser Berater der Personalchefin gegenüber besonders charmant und witzreich auftreten, so muss er nicht nur entsprechende Verhaltensfertigkeiten besitzen (lächeln können, Blickkontakt halten, Zuhören können etc.), er muss sie auch in der konkreten Situation zum Einsatz bringen können. Letzteres ist keineswegs selbstverständlich. Ist er am fraglichen Tag z. B. eher übel gestimmt, weil ihn sein Chef ungerechtfertigterweise einer Fehlleistung beschuldigt hat, oder begegnet ihm die Personalchefin eher abweisend, so wird die Umsetzung der Fertigkeiten erschwert. In Phase 3 des Handlungsprozesses sind zahlreiche Kompetenzen gefragt. Man denke hier z. B. an die Fähigkeit zur Selbstdarstellung oder die emotionale Stabilität (vgl. Tab. 3).

**Evaluation**

An die eigentliche Handlung schließt sich nun eine Phase der *Evaluation* an. Der Berater muss analysieren, inwieweit die Handlung die erwünschten Konsequenzen nach sich gezogen hat und dies sowohl im Hinblick auf die Verwirklichung eigener Ziele als auch bezüglich der Ansprüche der sozialen Umwelt. Hierbei hilft vor allem die Wahrnehmung und Interpretation der Reaktionen des Interaktionspartners. Ist der Berater z. B. nicht in der Lage, die nonverbalen Reaktionen der Personalchefin richtig zu deuten, so entgeht ihm vielleicht, dass sein Verhalten von ihr als aufdringlich, der geschäftlichen Situation nicht angemessen erlebt wird. An diesem Beispiel tritt die Bedeutung der Evaluation besonders klar hervor. Erkennt der Berater nicht schon zu Beginn des vielleicht einstündigen Gespräches mit der Personalchefin, dass sein Verhalten ihr unangenehm ist, so wird er sein Verhalten auch nicht rechtzeitig korrigieren können und letztlich ein dauerhaft inkompetentes Verhalten an den Tag legen. Die Evaluation bildet eine zentrale Grundlage für ein situationsangemessenes Sozialverhalten. Im Laufe einer längeren Interaktion kann der Handelnde gewissermaßen „online“ sein Verhalten reflektieren und korrigieren, so dass insgesamt betrachtet ein sozial kompetentes Sozialverhalten resultiert. Ergibt die Evaluation ein suboptimales Ergebnis, so schließt sich der Regelkreis, indem der Handelnde bei der Situationsanalyse in den nächsten Handlungszyklus einsteigt. Zur Verbesserung des eigenen Verhaltens muss dann allerdings nicht zwangsläufig jede Phase eine Veränderung erleben. Letztlich muss nur dort interveniert werden, wo der Handelnde ein Defizit ausmacht. Kommt der Berater in unserem Beispiel zu dem Schluss, dass er die Ansprüche der sozialen Umwelt falsch eingeschätzt hat, so nimmt er bereits bei der Situationsanalyse eine Korrektur vor. Sieht er die Defizite eher in der Auswahl oder der Umsetzung eines bestimmten Verhaltens, so beschränkt sich die Korrektur auf Phase 2 oder 3 des Handlungsprozesses.

**Natürliche Interaktionen sind komplexer**

In unserer Analyse haben wir einen einzelnen Handlungsstrang isoliert betrachtet. Natürliche Interaktionen setzen sich aus mehreren Handlungssträngen zusammen, die aufeinander aufbauen. In unserem Beispielsfall ist das Gespräch nicht nur durch das Verhalten des Beraters, sondern auch durch das Verhalten der Personalchefin geprägt, wobei sich beide in ihrem Handeln jeweils wechselseitig aufeinander beziehen. Hinzu kommt, dass langfristige und kurzfristige Ziele unterschieden werden können. Will der Berater eine dauerhafte geschäftliche Beziehung zu dem fraglichen Unternehmen aufbauen, so muss er nicht nur in dem ersten Sondierungsgespräch die Personalchefin von der Qualität seiner Arbeit überzeugen. Er muss auch in Zukunft gute Arbeit bei der Anforderungsanalyse, Konstruktion, Implementierung und Evaluation des neuen Personalauswahlverfahrens leisten. Auf diesem Wege entstehen *Zielhierarchien*. Langfristige Ziele werden auf mehreren Ebenen durch eine systematische Vernetzung kurz- und mittelfristiger Ziele Schritt für Schritt erreicht (Fuchs, 1995). Hier zeigen sich die Komplexität sozial kompetenten Verhaltens sowie die Schwierigkeit der Evaluation. Ein kurzfristig nützliches Verhalten führt nicht zwangsläufig auch mittel- oder langfristig zum Ziel. Umgekehrt kann eine kurzfristige Zielverfehlung oftmals in einem zweiten oder dritten Versuch noch wettgemacht werden.

## 2.2 Automatisierte Steuerung des Sozialverhaltens

Das Modell der elaborierten Steuerung des Sozialverhaltens folgt dem Muster vieler kognitiver Theorien der Psychologie. Man geht davon aus, dass der Mensch sein Verhalten auf der Basis rationaler Analysen steuert (vgl. Kanning, 2001). Zumindest lässt sich sein Verhalten jedoch durch rationale Modelle hinreichend gut beschreiben und prognostizieren. In der Tat, würde man dem skizzierten Modell folgen, so müsste – die Verfügbarkeit entsprechender Kompetenzen vorausgesetzt – eigentlich immer ein sozial kompetentes Verhalten resultieren. Wie sieht es jedoch in der Realität aus? Gehen Menschen gemeinhin rational und überlegt vor, wenn sie in alltäglichen Situationen handeln? Reflektieren sie immer die eigenen Ziele und die der Umwelt? Evaluieren sie die Zielerreichung?

Hier sind berechtigte Zweifel angebracht. Untersuchungen aus unterschiedlichen Forschungsfeldern der Psychologie belegen immer wieder, dass Menschen häufig komplexe kognitive Operationen durch den Einsatz von einfachen Regeln und Werkzeugen, sogenannte *Heuristiken*, vereinfachen. Der Organismus folgt dabei offenbar einem gewissen Ökonomieprinzip, wonach möglichst maximale Effekte durch möglichst minimalen Aufwand erzielt werden sollen. Bargh und Chartrand (1999) verdeutlichen, dass automatisierte (heuristische) Prozesse der Informationsverarbeitung und Verhaltenssteuerung eher die Regel denn die Ausnahme darstellen (siehe auch Petty & Brinol, 2012). Auch in der Forschung zum Konzept der sozialen Kompetenz wird gelegentlich auf diesen Sachverhalt hingewiesen. Argyle (1967) spricht von sozialen Hinweisreizen, die dem Handelnden zeigen, welches Verhalten in einer konkreten Situation besonders adäquat ist. Begegnet dem Berater aus unserem Beispiel die Personalchefin zu Beginn des Gesprächstermins mit ausgestreckter Hand, so wird er wohl kaum die Situation umständlich analysieren, Ziele definieren, Vor- und Nachteile diverser Verhaltensoptionen abwägen etc. Er wird vielmehr direkt erkennen, dass sich hier ein Begrüßungsritual anbahnt, auf das in konventioneller Weise – Hand ausstrecken, lächeln, Begrüßung etc. – reagiert werden sollte. Insbesondere die Forschung zum nonverbalen Verhalten hat mehrere derartige Hinweisreize identifiziert (Forgas, 1987). Die Verknüpfung zwischen solchen Hinweisreizen und dem Verhalten wird erlernt und ermöglicht dem Handelnden ein schnelles Reagieren. Dennoch kann nicht behauptet werden, dass Sozialverhalten immer durch Hinweisreize vollständig zu erklären wäre. Der Mensch folgt in seinem Verhalten eben nicht ausschließlich äußeren Reizen. Er ist in der Lage, willentlich auch gegen Hinweisreize zu agieren, flexibel auf immer gleiche Situationen zu reagieren oder sich ganz bewusst mit seiner Umwelt auseinanderzusetzen. Gleichwohl wird er dies nicht in jeder sozialen Situation auch tun.

**Bedeutung von Heuristiken**

Vor diesem Hintergrund erscheint es sinnvoll, neben unserem ersten Modell, das einen elaborierten Prozess der Handlungssteuerung beschreibt, ein zweites *Modell zur automatisierten Steuerung des Sozialverhaltens* aufzustellen (Kanning, 2002a). Der Prozess der Verhaltenssteuerung besteht nunmehr lediglich aus zwei Phasen (vgl. Abb. 12).

**Automatisierte Steuerung des Sozialverhaltens**

In der ersten Phase, der Situationsanalyse, setzt unser Mitarbeiter der Beratungsfirma die sozialen Hinweisreize der aktuellen Situation in eine Beziehung zu seinen eigenen Zielen. Möchte er gern freundlich und charmant auf die Personalchefin wirken und lächelt sie ihm im Verlaufe des Gespräches einmal zu, so wird dies als ein Zeichen gedeutet, das automatisch ein potenziell geeignetes Verhalten in Gang setzt (Phase 2). Zum Einsatz kommen Verhaltensroutinen, die sich in ähnlich gelagerten Situationen bereits bewährt haben: der Berater lächelt zurück, macht eine witzige Bemerkung und signalisiert seiner Gesprächspartnerin, dass er sich ganz und gar auf sie konzentriert. Die Hinweisreize werden dabei heuristisch verarbeitet, d.h.

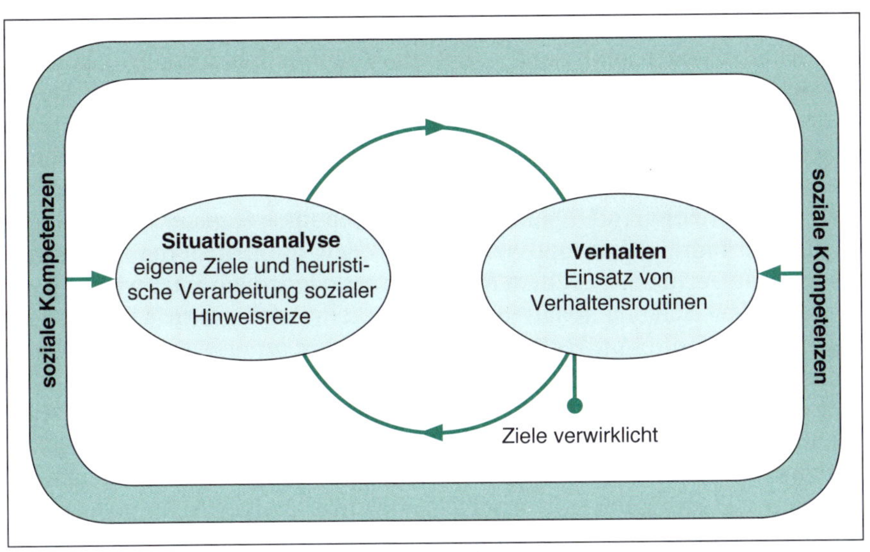


**Abbildung 12:**
Modell der automatisierten Steuerung des Sozialverhaltens

es erfolgt kein zeitintensives Abwägen alternativer Interpretationen. Stattdessen wird die Interpretation gewählt, die sich in den meisten ähnlich gelagerten Fällen bisher als zutreffend erwiesen hat. Würde der Berater eine elaborierte Analyse vorziehen, so müsste er zum einen zwischen verschiedenen Interpretationen des Verhaltens seiner Gesprächspartnerin abwägen und zum anderen mehrere Verhaltensoptionen auf ihren Nutzen hin überprüfen. Natürlich könnte das Lächeln der Personalchefin nicht ehrlich gemeint sein, vielleicht möchte sie ihn nur aufziehen, kokettiert mit ihrer Attraktivität, setzt das Lächeln nur ein, um eine stärkere Verhandlungsposition zu erreichen. All dies sind legitime Interpretationen, die der Berater abwägen könnte. Allerdings würde ein sorgfältiges Abwägen einen größeren Aufwand bedeuten und kognitive Kapazitäten binden, die dann für andere Aufgaben – wie etwa eine flüssige Fortführung des Gespräches – nicht zur Verfügung stehen würden. Die erste Phase baut auf perzeptiv-kognitiven Kompetenzen des Beraters auf (z. B. Perspektivenübernahme, vgl. Tab. 3). Die Hinweisreize müssen wahrgenommen und entschlüsselt werden (Argyle, 1967). Die Phase der Verhaltensäußerung erfordert, wie auch schon im ersten Modell, behaviorale sowie emotional-motivationale Kompetenzen (z. B. Zuhören, emotionale Stabilität). Erfolgreich zurücklächeln oder witzige Bemerkungen machen, kann der Berater nur dann, wenn er über die notwendigen Fertigkeiten verfügt, selbstkontrolliert und emotional stabil zur Tat schreiten kann.

Das Modell der automatisierten Steuerung des Sozialverhaltens steht nicht im Widerspruch zum Modell der elaborierten Verhaltenssteuerung. Beide

Modelle ergänzen einander vielmehr. In sozialen Situationen, die für den Handelnden sehr wichtig sind – z. B. die Präsentation einer Projektarbeit vor dem Vorstand oder das erste Auswahlgespräch eines Berufsanfängers in der Personalabteilung –, sollte das Verhalten dem ersten Modell folgen. Eine wichtige Voraussetzung hierfür ist allerdings, dass der Mitarbeiter hierzu die notwendigen kognitiven Kapazitäten hat. Fehlen ihm in einer konkreten Situation (oder generell) die notwendigen Kapazitäten und/oder ist er nicht hinreichend motiviert, so wird den automatisierten Prozessen der Vorrang gegeben. Vor allem Routinesituationen, die immer wieder nach dem gleichen Schema ablaufen, erfordern keine elaborierte Analyse. Der Vorteil des elaborierten Vorgehens liegt in der größeren Sorgfalt, mit deren Hilfe die Wahrscheinlichkeit für ein sozial kompetentes Verhalten gesteigert werden kann. Diesen Vorteil erkauft man aber mit einem größeren Aufwand. Beim automatisierten Vorgehen liegt der Vorteil vor allem in der Geschwindigkeit bzw. dem geringen Aufwand, den die Handlungssteuerung erfordert. Sie ermöglicht ein schnelles und zuverlässiges Agieren in Routinesituationen. Da nicht alle Variablen sorgfältig analysiert werden, steigt jedoch die Wahrscheinlichkeit für suboptimales Verhalten in neuartigen bzw. schwierigen Situationen.

**Beide Formen der Verhaltenssteuerung sind wichtig**

Die Fähigkeit des Menschen sowohl zur elaborierten als auch zur automatisierten Steuerung des Sozialverhaltens ist eine wichtige Grundlage, um in unterschiedlichsten, völlig neuen, aber auch immer wiederkehrenden Situationen sozial kompetent handeln zu können. Gleichwohl ist diese prinzipielle Fähigkeit keine Garantie für sozial kompetentes Verhalten. Im folgenden Kapitel gehen wir der Frage nach den Ursachen sozial inkompetenten Verhaltens auf den Grund.

## 2.3 Ursachen sozial inkompetenten Verhaltens

Die Beschäftigung mit den Ursachen sozial inkompetenten Verhaltens ist für das Personalmanagement mindestens genauso wichtig wie die Auseinandersetzung mit sozial kompetentem Verhalten. Man denke hier nur einmal an Mobbing am Arbeitsplatz (Litzcke, Schuh & Pletke, 2013), Arbeitsunzufriedenheit, die durch sozial inkompetentes Führungsverhalten ausgelöst werden kann (Walter & Kanning, 2003; Kanning, 2014d), oder an wirtschaftliche Einbußen, die sich aus inkompetentem Verhalten gegenüber Kunden ergeben können (Kanning et al., 2009). Dabei stellen Kompetenz und Inkompetenz genau genommen nur die Extrempole eines Kontinuums dar. Verhalten ist nicht einfach kompetent oder inkompetent, sondern mehr oder weniger kompetent bzw. inkompetent.

Nachdem wir uns in den beiden vorangestellten Abschnitten mit der Entstehung sozial kompetenten Verhaltens auseinandergesetzt haben, soll es im

Folgenden nun um Erklärungen für defizitäres, also mehr oder minder sozial inkompetentes Verhalten gehen. Die Ursachen können anhand der beiden Modelle zur Entstehung sozial kompetenten Verhaltens beschrieben werden.

### 2.3.1 Akute vs. chronische Ursachen

**Anforderungsbezug**

Die Basis des Sozialverhaltens liegt in den allgemeinen und spezifischen Kompetenzen des Mitarbeiters. Unterschiedliche berufliche Aufgaben erfordern auch unterschiedliche Kompetenzprofile. Der Polizeibeamte, der sich am 1. Mai mit einer Hundertschaft randalierender Extremisten auseinandersetzen muss, wird sicherlich von anderen Kompetenzen profitieren als der Pressesprecher eines Pharmakonzerns. Dies gilt insbesondere für die spezifischen sozialen Kompetenzen. Die zentrale Ursache für inkompetentes Verhalten ist in Defiziten auf der Ebene der allgemeinen und spezifischen Kompetenzen begründet. Je nachdem, welche Kompetenzen in Bezug auf die anstehende Aufgabe unzureichend ausgeprägt sind, resultieren Fehler in unterschiedlichen Phasen der Verhaltenssteuerung. Neben solchermaßen *chronischen Ursachen* sind jedoch immer auch *akute Ursachen* zu bedenken. Sie beziehen sich z. B. auf die aktuelle Aufmerksamkeit des Handelnden und seine Motivation, in der konkreten Situation tatsächlich ein sozial kompetentes Verhalten zu zeigen. Ist der Handelnde müde, abgelenkt oder fühlt sich krank, so wird er der Verhaltenssteuerung nur vergleichsweise wenig Aufmerksamkeit widmen können und erhöht hierdurch selbst dann die Wahrscheinlichkeit für inkompetentes Verhalten, wenn er prinzipiell über die notwendigen Kompetenzen für ein sozial kompetentes Verhalten verfügt. Ähnlich verhält es sich mit der Motivation. So wie ein Sportler nur dann Spitzenleistungen zeigt, wenn er auch motiviert ist, sein Bestes zu geben, so können die vorhandenen Kompetenzen in einer konkreteren Situation auch nur dann erfolgreich zum Einsatz gebracht werden, wenn der Handelnde dies will.

**Chronische vs. akute Ursachen in kompetentem Verhalten**

Abbildung 13 verdeutlicht den Unterschied zwischen chronischen und akuten Ursachen sozial inkompetenten Verhaltens. In der Abbildung wird das zeitlich stabile Kompetenzprofil eines Mitarbeiters dem Anforderungsprofil einer konkreten Arbeitsaufgabe gegenübergestellt. Im günstigsten Falle passen die Kompetenzen zu den Anforderungen wie ein Schlüssel in ein Schloss. Es resultiert ein sozial kompetentes Verhalten (Beispiel A). Inkompetentes Verhalten liegt vor, wenn das Kompetenzprofil nicht zu den Anforderungen passt (Beispiel B). In diesem Falle handelt es sich um chronische Defizite, da sich die Kompetenzen nicht schnell verändern. Ist der Handelnde aufgrund mangelnder Aufmerksamkeit nicht in der Lage oder aufgrund mangelnder Motivation nicht bereit, seine Kompetenzen zum Einsatz zu bringen, so resultiert ebenfalls ein inkompetentes Verhalten. Die akuten Defizite in Aufmerksamkeit und Motivation wirken wie eine Barriere, die einer Umsetzung der vorhandenen Kompetenzen im Wege steht (Beispiel C). Darüber hinaus ist natürlich auch eine Kombination chronischer und akuter Defizite denkbar.

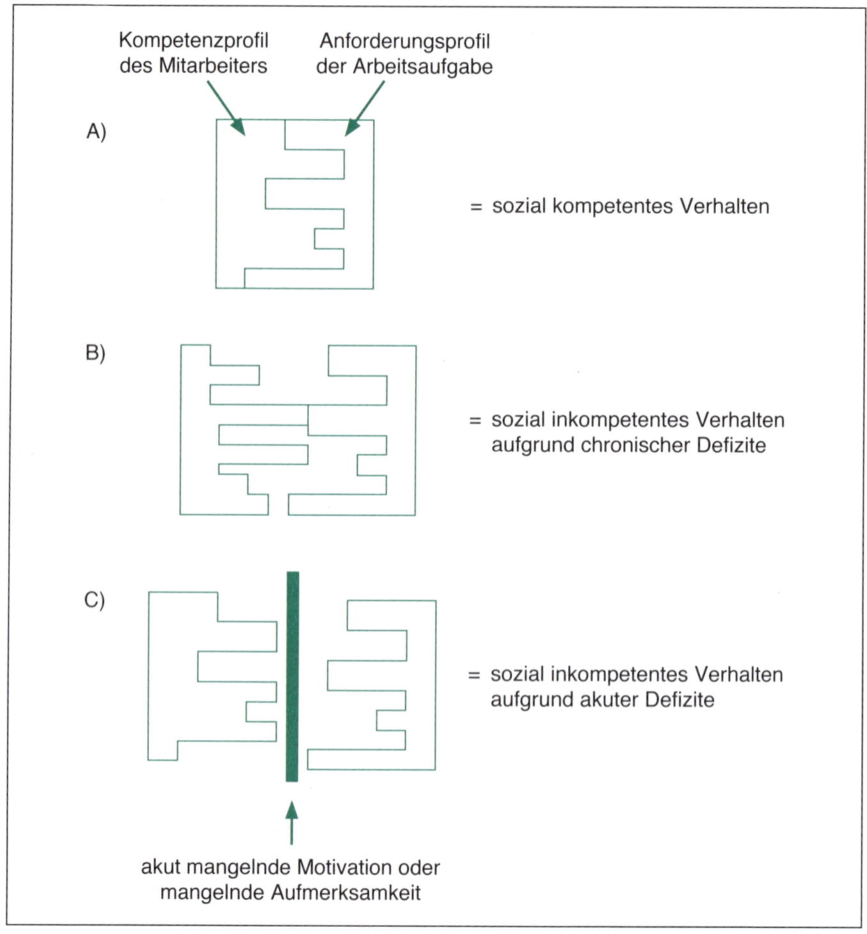


**Abbildung 13:**
Chronische und akute Ursachen sozial inkompetenten Verhalten

**Einflüsse der Arbeitsumwelt**

Neben Faktoren, die in der Person des Mitarbeiters liegen, können sich Faktoren der *Arbeitsumwelt* auf die Steuerung des Sozialverhaltens auswirken. Dies kann sowohl chronisch als auch akut geschehen. Die Aufmerksamkeit des Mitarbeiters hängt u. a. davon ab, wie stark die berufliche Belastung ausfällt. Ein Sachbearbeiter im Bauamt, der von seinem Vorgesetzten mit Arbeitsaufträgen überhäuft wird, die unter hohem Zeitdruck erledigt werden müssen, wird sich weitaus weniger Zeit mit Anfragen und Beschwerden von Bürgern nehmen können als ein Kollege, der über die hierzu notwendigen Freiräume verfügen kann. Auch leidet die Motivation des Mitarbeiters unter einem schlechten Betriebsklima. Wer ungern zur Arbeit kommt, weil ihn sein Vorgesetzter drangsaliert und zwischen den Kollegen ausschließlich ein Klima des Wettbewerbs herrscht, in dem man keinerlei Unterstützung findet, dürfte sich schwer tun, wenn er plötzlich Kunden mit ausgesuchter Höflichkeit gegenübertreten soll. Das Sozialverhalten der Mitarbeiter ist insofern auch ein Spiegelbild der Unternehmenskultur. Wirken sich Aspekte der Arbeitsumwelt (z. B. Unternehmenskultur) dauerhaft auf die Motivation und die Aufmerksamkeit des Mitarbeiters aus, so haben wir es mit einer chronischen Ursache sozial inkompetenten Verhaltens zu tun. Eine akute Ursache kann hingegen in einer vorübergehenden Arbeitsüberlastung begründet sein.

### 2.3.2 Probleme bei der elaborierten Steuerung des Sozialverhaltens

Wenden wir uns nun zunächst dem Modell der elaborierten Steuerung des Sozialverhaltens zu, um den chronischen Ursachen näher auf den Grund zu gehen (vgl. Tab. 6).

**Tabelle 6:**
Wichtige Ursachen für sozial inkompetentes Verhalten im Prozess der elaborierten Verhaltenssteuerung

| | Fehler im Prozess der Verhaltenssteuerung | Wichtige chronische Ursachen |
|---|---|---|
| Situationsanalyse | – Ziele falsch eingeschätzt<br>– Ansprüche falsch eingeschätzt | – mangelndes Wissen um Rollen, Normen oder Werte<br>– mangelnde Perspektivenübernahme<br>– defizitäre Personenwahrnehmung |
| Analyse der Verhaltensoptionen | – Generierung falscher Optionen<br>– Ziele falsch eingeschätzt<br>– Ansprüche falsch eingeschätzt<br>– Auswahl falscher Optionen<br>– zu langsame Analyse | – defizitäres Wissen um effektive Verhaltensstrategien<br>– mangelndes Wissen um Rollen, Normen oder Werte<br>– mangelnde Perspektivenübernahme<br>– defizitäre Personenwahrnehmung<br>– geringe emotionale Stabilität<br>– mangelnde Entscheidungsfreudigkeit |

**Tabelle 6:**
Fortsetzung

| | Fehler im Prozess der Verhaltenssteuerung | Wichtige chronische Ursachen |
|---|---|---|
| **Umsetzung des Verhaltens** | – defizitäre Umsetzung geeigneter Optionen<br>– korrekte Umsetzung ungeeigneter Optionen | – defizitär ausgeprägte Fertigkeiten<br>– mangelnde emotionale Stabilität |
| **Evaluation** | – verzerrte Wahrnehmung der Konsequenzen<br>– Ziele falsch eingeschätzt<br>– Ansprüche falsch eingeschätzt<br>– fehlerhafte Lokalisierung der Ursachen für nicht zielführendes Verhalten | – Defizite in der Selbstaufmerksamkeit<br>– mangelndes Wissen um Rollen, Normen oder Werte<br>– mangelnde Perspektivenübernahme<br>– defizitäre Personenwahrnehmung |

**Fehler bei der Situationsanalyse**

In der Phase der *Situationsanalyse* kann der Mitarbeiter zwei Fehler begehen. Zum einen kann er die eigenen Ziele falsch auswählen, zum anderen die Ansprüche der sozialen Umwelt falsch einschätzen. Im beruflichen Kontext ergeben sich die eigenen Ziele meist aus der Rolle, die der Mitarbeiter auszufüllen hat. Wer die eigene Rolle nicht hinreichend kennt, kann die Ziele, die durch das Unternehmen vorgegeben werden, nur per Zufall richtig definieren. Glaubt der Polizist aus unserem Beispiel, dass der Innenminister vor allem ein hartes Durchgreifen erwartet, so resultiert ein Verhalten, das letztlich als inkompetent gelten muss, weil von vornherein das tatsächliche Ziel der Deeskalation nicht erkannt wurde. Die richtige Einschätzung der sozialen Ansprüche setzt ebenfalls das Wissen um relevante Normen und Werte voraus. Das Verhalten des Beamten bewegt sich nicht in einem künstlichen Raum, in dem nur die Ziele der Organisation zählen würden. Auch übergeordnete gesellschaftliche Werte spielen hier eine prägende Rolle. In der direkten Auseinandersetzung mit einem anderen Menschen kann eine fehlerhafte Definition der sozialen Ansprüche überdies auf Defizite in der Personenwahrnehmung oder Perspektivenübernahme zurückzuführen sein. Dies wird besonders deutlich, wenn wir an den Mitarbeiter einer Reklamationsabteilung denken. Nur wenn er das Verhalten der Kunden reflektiert und sich in ihre Lage hineinversetzt, kann er erkennen, dass unterschiedliche Kunden verschiedene Erwartungen an sein Verhalten stellen. Während die einen lediglich eine sachliche Abwicklung der Reklamation erwarten, wünschen andere eine Entschuldigung und wieder andere möchten gar bemitleidet werden. Trotz vorhandener Kompetenzen kann es in der Situationsanalyse zu Fehlern kommen, weil der Mitarbeiter den Geschehnissen aktuell nicht genügend Aufmerksamkeit widmet. Möglicherweise hat unser Protagonist aus der Reklamationsabteilung in der letzten Nacht nur zwei Stunden geschlafen und ist völlig übermüdet oder leidet unter Zahnweh. Vielleicht ist zurzeit aber auch so viel zu tun, dass er ständig abgelenkt wird und sich daher dem einzelnen Kunden nicht mit der üblichen Aufmerksamkeit zuwenden kann. Hinzu kommt, dass der Mitarbeiter nicht in jeder beliebigen Situation in gleichem Maße motiviert ist, die aktuelle Arbeitsaufgabe möglichst optimal zu lösen.

**Fehler bei der Analyse der Verhaltensoptionen**

Geht es um die *Analyse der Verhaltensoptionen*, so können fünf Fehler auftreten. Zunächst muss der Mitarbeiter mögliche Verhaltensoptionen generieren und sie anschließend auf ihre Tauglichkeit hin überprüfen. Nur dann, wenn gute Optionen generiert werden, können sie auch analysiert und schließlich ausgewählt werden. Die erste potenzielle Fehlerquelle liegt also bei der Generierung der Optionen. Fehler zwei und drei beziehen sich auf die Analyse. Für jede potenziell geeignete Verhaltensalternative muss abgeschätzt werden, inwieweit sie der Verwirklichung eigener Ziele dient und gleichzeitig den Ansprüchen der Umwelt Genüge leistet. Beide Einschätzungen können fehlerhaft sein. Der vierte Fehler resultiert aus den vorausgehenden. Der Mitarbeiter entscheidet sich letztlich für eine Alternative, die objektiv betrachtet selbst dann zu einem sozial inkompetenten Verhalten führt, wenn er sie fehlerfrei in die Tat umsetzt. Fehler Nummer 5 tritt auf, wenn die Entscheidung schnell getroffen werden müsste, der Handelnde sich aber nicht schnell für eine der Optionen entscheiden kann. Neben mangelnder Entscheidungsfreudigkeit liegen die chronischen Ursachen einer fehlerhaften Analyse der Verhaltensoptionen z. B. in dem mangelnden Wissen über potenziell effektive Optionen. Man denke hier etwa an einen Berufsanfänger, der noch keine Strategien für den Umgang mit problematischen Kunden entwickelt hat. Die Analyse der Optionen im Hinblick auf die Verwirklichung eigener Ziele bzw. die Ansprüche der Umwelt setzt voraus, dass beide richtig eingeschätzt werden. Wie schon in der Phase der Situationsanalyse, so machen sich auch hier insbesondere Defizite im deklarativen und prozeduralen sozialen Wissen, in der Personenbeurteilung und der Perspektivenübernahme negativ bemerkbar. Nur dann, wenn der Kundenberater sein Gegenüber richtig einschätzt, kann er auch analysieren, welche Verkaufsstrategien beim Kunden X besonders geeignet wären. In der Regel wird es meist nicht nur eine einzige Verhaltensoption geben, die sinnvoll ist. Die Auswahl einer Option kann folglich nicht rein rational bewältigt werden. Hierbei erleichtern soziale Kompetenzen dem Handelnden die Entscheidung. Doch so nützlich bestimmte soziale Kompetenzen auf der einen Seite auch sind, auf der anderen Seite können sie auch die Quelle für eine fehlerhafte Auswahl darstellen. Der Mitarbeiter in der Reklamationsabteilung wählt möglicherweise eine sehr unfreundliche Reaktion aus, weil er sich aufgrund einer zu geringen emotionalen Stabilität leicht von einem unfreundlichen Kunden provozieren lässt. Ein Polizeibeamter, dessen Wertepluralismus nur gering ausgeprägt ist, reagiert auf normverletzendes Verhalten von Bürgern vielleicht von vornherein betont autoritär.

Fehler bei der Umsetzung des Verhaltens

In der Phase der *Umsetzung des zuvor ausgewählten Verhaltens* kommt es zu einem inkompetenten Verhalten, wenn entweder zuvor ungünstige Verhaltensstrategien ausgewählt wurden, oder wenn an sich geeignete Verhaltensstrategien nicht angemessen umgesetzt werden (Becker & Heimberg, 1988). Entscheidet sich der Mitarbeiter der Reklamationsabteilung z. B. dafür, den wütenden Kunden seinerseits zu beschimpfen und verfügt über ein umfassendes Arsenal von beleidigenden Begriffen, die er zielsicher zum Einsatz bringt, so resultiert trotz der vorhandenen rhetorischen Kompetenzen kein sozial kompetentes Verhalten. Entschließt er sich stattdessen zu einem besonnenen und ruhigen Vorgehen, kann seine Wut in der Situation aber nicht im Zaume halten, so wird das Verhalten ebenso wenig sozialkompetent sein. Betrachten wir nur die Umsetzung eines an sich sozial kompetenten Verhaltens, so liegen die chronischen Ursachen für eine missglückte Umsetzung vor allem in defizitär ausgeprägten behavioralen Kompetenzen oder in mangelnder emotionaler Stabilität.

Fehler bei der Evaluation

Die letzte Phase des Handlungsprozesses bezieht sich auf die *Evaluation*. Der Mitarbeiter überprüft, inwieweit sein Verhalten tatsächlich eigene Ziele verwirklicht bzw. ihn der Zielerreichung näher bringt und dabei auch die Ansprüche der Umwelt hinreichend berücksichtigt wurden. Eine fehlerhafte Evaluation kann auf eine falsche Definition der eigenen Ziele bzw. der sozialen Ansprüche zurückgehen. Hier unterscheidet sich die Evaluationsphase nicht von der Situationsanalyse oder der Analyse der Verhaltensoptionen. Darüber hinaus können die realen Konsequenzen aber auch verzerrt wahrgenommen werden. Verfügt ein Außendienstmitarbeiter nur über geringe Kompetenzen im Bereich der Personenwahrnehmung, so merkt er vielleicht nicht, dass seine Verkaufsstrategie bei einem bestimmten Kunden nicht zum Ziel führen wird. Statt frühzeitig einen neuen Weg einzuschlagen, zieht er in mehreren Handlungszyklen sein Vorhaben durch und sieht erst zum Schluss, nachdem der Kunde explizit das Produkt ablehnt, sein Fehlverhalten. Erkennt der Handelnde im Zuge der Evaluation hingegen die mangelnde Zielführung seines Verhaltens, so kann es dennoch zu einer Fehleinschätzung der Situation kommen, weil er die Ursachen falsch lokalisiert. Die Fehleinschätzung wirkt sich in diesem Falle allerdings erst im folgenden Handlungszyklus aus. Glaubt der Mitarbeiter aus unserem Beispiel, dass er den Kunden nur deshalb nicht beruhigen konnte, weil er nicht forsch genug die Beschwerden des Kunden zurückgewiesen hat, so wird er im nächsten Handlungszyklus offensiver auftreten und den Kunden damit wahrscheinlich vollends gegen sich aufbringen. Aufgrund der Verwandtschaft der ersten und vierten Phase sind die chronischen Ursachen für sozial inkompetentes Verhalten nahezu deckungsgleich. Das Ergebnis der Analyse hängt stark vom sozial relevanten Wissen des Handelnden sowie seinen

Kompetenzen auf dem Gebiet der Personenbeurteilung und der Perspektivenübernahme ab. Da es um die Beurteilung des eigenen Verhaltens geht, kommt überdies der Selbstaufmerksamkeit eine zentrale Rolle zu. Wer sein eigenes Verhalten und die Reaktionen der Umwelt nicht reflektiert, kann kaum eine zutreffende Evaluation vornehmen.

### 2.3.3 Probleme bei der automatisierten Steuerung des Sozialverhaltens

Wie ist es nun aber um die chronischen Defizite im Prozess der automatisierten Steuerung des Sozialverhaltens bestellt? Die automatisierte Verhaltenssteuerung erfolgt in gewisser Weise „kurzschlussartig" in zwei Phasen. In Phase 1 der Situationsanalyse müssen die eigenen Handlungsziele bestimmt und soziale Hinweisreize heuristisch verarbeitet werden. In der zweiten Phase kommen dann Verhaltensroutinen zum Einsatz.

**Fehler bei der automatisierten Situationsanalyse**

Fehler in der Phase der *Situationsanalyse* beziehen sich auf die Definition der eigenen Handlungsziele sowie auf die Wahrnehmung und Interpretation sozialer Hinweisreize (vgl. Tab. 7). Noch sehr viel mehr als bei der elaborierten Verhaltenssteuerung kommt es bei der automatisierten Steuerung auf das sozial relevante Wissen an. Eigene Handlungsziele im beruflichen Kontext hängen von der Rollendefinition des Mitarbeiters und von Normen und Werten des Unternehmens ab. Wer sich hier nicht auskennt, kann die Handlungsziele auch nicht richtig definieren. Ebenso wichtig ist soziales Wissen für die Interpretation von Hinweisreizen. Wer Hinweise in der Mimik und Gestik seines Gegenübers, soziale Rituale u. Ä. nicht kennt, kann auf entsprechende Reize auch nicht adäquat reagieren. Entsprechendes Wissen kann allgemein gesellschaftlicher Natur sein oder sich – im Sinne einer spezifischen sozialen Kompetenz – ausschließlich auf das eigene Unternehmen beziehen. So wird beispielsweise die langjährige Assistentin eines Vorstandsvorsitzenden gelernt haben, in welchen Situationen ihr Chef einen Rat haben möchte, Kritik vertragen kann oder lieber in Ruhe gelassen werden möchte. Hierbei handelt es sich um die Kenntnis sehr individueller Hinweisreize, die eine Kollegin nicht richtig zu deuten wüsste. Mehr noch, die Kollegin würde so manchen Hinweisreiz nicht einmal wahrnehmen. Hierin liegt eine weitere wichtige Quelle inkompetenten Verhaltens. Defizite im Bereich der Personenwahrnehmung führen dazu, das Hinweisreize übersehen werden.

**Fehler bei der automatisierten Umsetzung des Verhaltens**

In der *Verhaltensphase* kommen Handlungsroutinen zum Einsatz (vgl. Tab. 7). Bereits häufig eingesetzte Verhaltensmuster werden dabei in immer gleicher Weise nahezu reflexartig angewandt. Inkompetentes Verhalten entsteht, wenn falsche also situationsunangepasste Verhaltensroutinen ausgewählt oder richtige Routinen fehlerhaft umgesetzt werden. Wichtige Ursachen hierfür sind neben einer unbefriedigenden Situationsanalyse Defizite im Bereich der behavioralen Kompetenzen sowie eine mangelnde emotionale Stabilität. So hilft es beispielsweise der Urlaubsvertretung der Vorstandsassistentin wenig, wenn sie weiß, wie man auf den Chef reagieren sollte, ein solches Verhalten aber noch niemals ausprobiert hat oder so nervös ist, dass sie ein an sich verfügbares Verhaltensmuster nicht souverän umsetzen kann. Wie der Name schon sagt, haben Verhaltensroutinen vor allem etwas mit Übung zu tun. Je geübter ein Verhalten ist, umso unwahrscheinlicher dürften Probleme bei der Verhaltensäußerung sein.

**Tabelle 7:**
Wichtige Ursachen für sozial inkompetentes Verhalten im Prozess der automatisierten Verhaltenssteuerung

**Ursachen sozial inkompetenten Verhaltens im Überblick**

| | Fehler im Prozess der Verhaltenssteuerung | Wichtige chronische Ursachen |
|---|---|---|
| Situationsanalyse | – Ziele falsch eingeschätzt<br>– fehlerhafte Wahrnehmung sozialer Hinweisreize<br>– fehlerhafte Deutung sozialer Hinweisreize | – mangelndes soziales Wissen<br>– defizitäre Personenwahrnehmung |
| Verhalten | – defizitäre Umsetzung von geeigneten Verhaltensroutinen<br>– korrekte Umsetzung ungeeigneter Verhaltensroutinen | – defizitär ausgeprägte behaviorale Kompetenzen<br>– mangelnde emotionale Stabilität |

Die Ursachen für sozial wenig oder inkompetentes Verhalten sind vielfältig. Unsere Ausführungen thematisieren nur die wichtigsten Punkte. Auch kann man sich fragen, wo die Defizite ihrerseits ihren Ursprung finden. Die Begründungen sind nahezu uferlos. Sie liegen in den Lernerfahrungen der Mitarbeiter, in ungünstigen Arbeitsbedingungen, im Führungsverhalten der Vorgesetzten, in fehlenden oder fehlgeleiteten Interventionsmaßnahmen im Bereich der Personal- und Organisationsentwicklung etc. Trotz der Vielfalt möglicher Ursachen steht das Personalmanagement dem Phänomen sozial defizitären Verhaltens keineswegs machtlos gegenüber. Nachfolgend wollen wir der Frage nachgehen, welche Einflussmöglichkeiten dem Personalmanagement prinzipiell zur Verfügung stehen.

## 2.4 Einflussmöglichkeiten

Die Einflussmöglichkeiten lassen sich den drei großen Anwendungsfeldern der Personal- bzw. der Organisationspsychologie zuordnen: Personalauswahl und -platzierung, Personalentwicklung und Organisationsentwicklung. Abbildung 14 gibt einen Überblick.

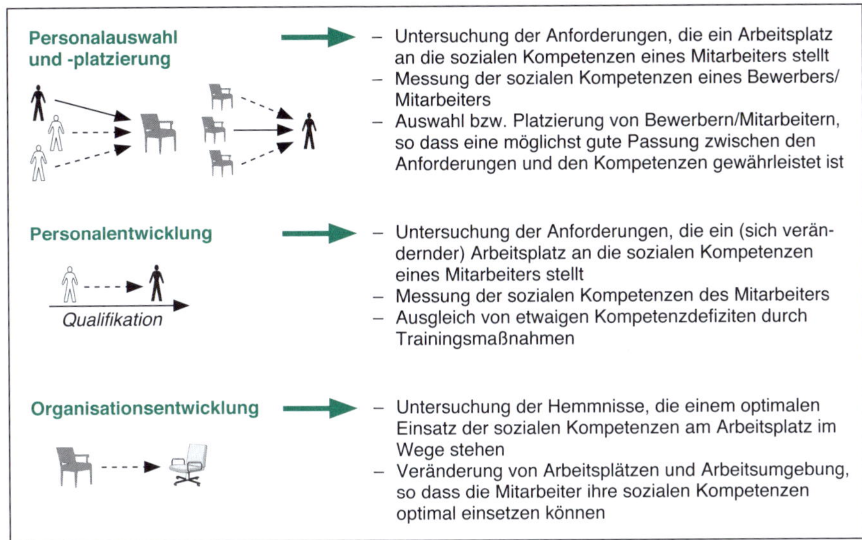


**Abbildung 14:**
Interventionsmaßnahmen im Überblick

## 2.4.1 Personalauswahl und -platzierung

**Personalauswahl und -platzierung**

Der einfachste Weg, dem Problem sozial inkompetenten Verhaltens im Unternehmen zu begegnen, ist eine effektive *Personalauswahl und -platzierung*. Im Falle der Personalauswahl gilt es, für einen bestimmten Arbeitsplatz einen möglichst gut geeigneten Kandidaten zu finden. Dabei stehen mehrere Bewerber zur Auswahl. Bei der Personalplatzierung ändert sich das Verhältnis zwischen Arbeitsplätzen und Interessenten insofern, als dass man innerhalb des Unternehmens für einen bestimmten Mitarbeiter einen Arbeitsplatz sucht, der sich so weit wie möglich mit den Interessen und Kompetenzen des Kandidaten deckt. Ein einzelner Mitarbeiter steht z. B. im Anschluss an eine Trainee-Ausbildung mehreren potenziell geeigneten Arbeitsplätzen gegenüber. In beiden Fällen ist die Aufgabe des Personaldiagnostikers zweigeteilt. Zum einen muss im Zuge einer Anforderungsanalyse ermittelt werden, welche Anforderungen ein konkreter Arbeitsplatz an die sozialen Kompetenzen stellt, zum anderen müssen die Kompetenzen des potenziellen Arbeitsplatzinhabers untersucht werden (vgl. Kanning, 2004; Schuler, 2014b). Dabei können sowohl allgemeine als auch berufsspezifische soziale Kompetenzen eine Rolle spielen. Die Entscheidung fällt letztlich zugunsten der besten Passung zwischen Anforderungen und Kompetenzen. Die Personaldiagnostik stellt eine große Zahl unterschiedlicher Methoden zur Verfügung, mit denen diese Aufgabe bewältigt werden kann (Kanning, 2004; Schuler, 2014b). Neben Testverfahren und diversen Instrumenten zur Selbst- und Fremdbeschreibung kommt in diesem Zusammenhang vor allem der Verhaltensbeobachtung in natürlichen oder simulierten Arbeitssituationen eine besondere Bedeutung zu. Wir werden hierauf in Kapitel 3 noch ausführlich eingehen.

### 2.4.2 Personalentwicklung

**Personalentwicklung**

Im Falle der *Personalentwicklung* sind die fraglichen Arbeitsplätze bereits mit Mitarbeitern besetzt. Nun stellt sich die Frage, ob die Mitarbeiter den Anforderungen des Alltags tatsächlich ausreichend gewachsen sind (vgl. Kanning, 2014a; Ryschka, Solga & Mattenklott, 2011). Oft ist dies nicht der Fall, weil das Unternehmen auf dem Arbeitsmarkt keine ausreichend qualifizierten Bewerber finden konnte. Ein anderer Grund liegt in möglichen Veränderungen des Arbeitsplatzes, die zum Zeitpunkt der Einstellung der Mitarbeiter noch nicht abzusehen waren. Man denke hier nur einmal an die Veränderungen im öffentlichen Dienst, wo sich immer stärker der Dienstleistungsgedanke verbreitet. Während vor 20 oder gar 30 Jahren ein städtischer Beamter oder ein Polizist darauf vertrauen konnte, dass ihm die meisten Bürger mit Respekt begegnen und Anweisungen der staatlichen Autorität ohne große Schwierigkeiten Folge leisten, treten die Kunden heute sehr viel selbstbewusster auf. Mit den sich verändernden Werten der Gesellschaft verändert sich auch der Anspruch an das Sozialverhalten der betroffenen „Dienstleister“. Wer heute gegenüber dem Bürger betont autoritär auftritt, läuft Gefahr, am nächsten Morgen in der Lokalpresse gerügt zu werden oder sich in einigen Wochen als Negativbeispiel in einem Fernsehbericht wiederzufinden. Ähnlich, wenn auch wohl nicht gleich dramatisch, sind die Ansprüche an Unternehmen gestiegen, die in einer Zeit, in der sich die Produkte konkurrierender Unternehmen in ihrer Qualität zunehmend angleichen, mehr und mehr auf Freundlichkeit und Service setzen müssen. Im Zuge einer effizienten Personalentwicklung bestimmt man zunächst den Entwicklungsbedarf über einen Vergleich zwischen den veränderten Anforderungen des Arbeitsplatzes und den vorhandenen Kompetenzen der Mitarbeiter. In einem zweiten Schritt entwickelt man hieraus Trainingsmaßnahmen, mit deren Hilfe etwaige Kompetenz- bzw. Verhaltensdefizite ausgeglichen werden können. In Abhängigkeit von den Ergebnissen der Bedarfsanalyse können sehr unterschiedliche Maßnahmen resultieren. Ein Blick in die Tabelle 6 vermittelt bereits eine Vorstellung von der Vielgestaltigkeit der Maßnahmen. Geht es in einem Fall allein um die Vermittlung von Fertigkeiten – also sehr konkreten Fertigkeiten, die z. B. bei der Annahme einer Reklamation oder in einem Verkaufsgespräch zu einem positiven Ergebnis beitragen –, stehen in einem anderen Fall grundlegendere Fähigkeiten zur Selbstreflexion oder Perspektivenübernahme im Zentrum der Bemühungen. Mit diesem Themenkreis beschäftigen wir uns in Kapitel 4 ausführlicher.

### 2.4.3 Organisationsentwicklung

Sozial kompetentes Verhalten ist nicht nur Ausdruck bestimmter Kompetenzen. Der Mitarbeiter muss auch in die Lage versetzt werden, dass er seine vorhandenen Potenziale entfalten kann. So mag manch ein an sich kompetenter Mitarbeiter nur deshalb zu einer suboptimalen Verhaltensstrategie greifen, weil er unter hohem Zeitdruck steht und daher auf fragwürdige Heuristiken zurückgreifen muss. Eine andere, umweltbedingte Ursache für unerwünschtes Sozialverhalten kann in der Organisationskultur begründet sein. Ein Unternehmen, in dem man mit den eigenen Mitarbeitern nicht sozial kompetent umgeht, kann nicht erwarten, dass sich die Mitarbeiter gegenüber den Kunden ausnehmend freundlich und zuvorkommend benehmen. Auch ist beispielsweise Mobbing am Arbeitsplatz nicht nur das Ergebnis der aggressiven Persönlichkeit eines einzelnen Mitarbeiters, der seinen Kollegen schikaniert. Viel häufiger haben wir es mit einem komplexeren „Netzwerk" des Mobbings zu tun, an dem sich gleichermaßen Kollegen und Vorgesetzte beteiligen. In diesem Fall wird sozial inkompetentes Verhalten zur Verhaltensnorm, an der sich auch solche Mitarbeiter orientieren, die eigentlich anders handeln wollen. Der dritte und letzte große Bereich von Maßnahmen, die sich mit der Förderung sozial kompetenten Verhaltens am Arbeitsplatz beschäftigen, bezieht sich daher auf die Gestaltung von Arbeitsplätzen und Arbeitsumgebungen. Im Zuge der *Organisationsentwicklung* (bzw. *Change Management*; Stegmaier, 2014) muss eruiert werden, inwiefern die Entfaltung vorhandener Kompetenzen durch widrige Arbeitsbedingungen gehemmt wird. Der zweite Schritt dient dann der Veränderung der Bedingungen. Auch in diesem Fall bieten sich dem Personalmanager zahlreiche Optionen an, die jeweils kontextspezifisch ausgewählt und umgesetzt sein wollen (Stegmaier, 2014). Veränderte Arbeitszeitmodelle können einerseits die subjektiv erlebte Belastung reduzieren und andererseits zu einer höheren Arbeitszufriedenheit beitragen (Rosenstiel, 2014), was letztlich der Aufmerksamkeit und Motivation im Prozess der Steuerung des Sozialverhaltens zugutekommen sollte. Gleiches gilt für die materielle Gestaltung von Arbeitsplätzen. Optimale Werkzeuge, ein reibungsloser Produktionsprozess, eine ansprechende räumliche Gestaltung des Arbeitsumfeldes, dies alles sind veränderbare Faktoren der Arbeitsumwelt, die sich positiv auf das Erleben der Mitarbeiter und damit verbunden auch positiv auf deren Sozialverhalten auswirken können. Die Einführung von Gruppenarbeit wirkt einem „Einzelkämpfertum" entgegen, da ein reibungsloser Arbeitsprozess nur dann gewährleistet ist, wenn die Mitarbeiter als Team zusammenarbeiten (Wegge, 2014). Belohnungssysteme können zielgerichtet zur Förderung eines sozial kompetenten Umgangs mit Kunden, Kollegen und Mitarbeitern eingesetzt werden. Leitbilder definieren die Unternehmenswerte und -ziele. Sozial kompetentes Verhalten kann bereits auf dieser abstrakten Ebene als ein zentrales Anliegen der Organisation festgeschrieben werden.

**Organisationsentwicklung und Change Management**

## 2.5 Fazit

Sozial kompetentes Verhalten kann durch unterschiedliche Prozesse zustande kommen. Entweder analysiert der Mitarbeiter sehr sorgfältig die aktuelle Situation, wählt mit Bedacht ein geeignet erscheinendes Verhalten aus und reflektiert anschließend den Erfolg des Unterfangens, oder aber er handelt sehr schnell und greift dabei auf Heuristiken und Handlungsroutinen zurück. In den allermeisten Situationen des beruflichen Alltags dürfte wohl der zweite Weg der üblichere sein. Dies gilt vor allem für soziale Situationen, die immer wiederkehren. Eine solchermaßen automatisierte Handlungssteuerung ermöglicht dem Mitarbeiter ein zügiges Agieren. Erkauft wird dieser Gewinn an Funktionalität jedoch mit einer größeren Wahrscheinlichkeit für fehlangepasstes Verhalten.

Zu einem sozial inkompetenten Verhalten kommt es, wenn der Mitarbeiter den spezifischen Anforderungen einer bestimmten Situation aktuell oder auch zeitlich überdauernd nicht gewachsen ist. Die Ursachen hierfür liegen zum einen in mangelnden Kompetenzen, fehlerhaften Heuristiken oder Verhaltensroutinen, zum anderen in der Arbeitsumwelt, die es dem Einzelnen nicht erlaubt, vorhandene Potenziale zu entfalten.

**Interventionsmöglichkeiten**

Die Interventionsmöglichkeiten des Personalmanagers beziehen sich demzufolge sowohl auf die Kompetenzen der Mitarbeiter (Personalauswahl, -platzierung und -entwicklung) als auch auf die materiellen, organisatorischen und sozialen Charakteristika der Arbeitsumwelt (Organisationsentwicklung). Während man sich im Rahmen der Personalauswahl und -platzierung mit der Messung der vorhandenen Kompetenzen bzw. dem sozial kompetenten Verhalten beschäftigt, stehen in der Personal- oder Organisationsentwicklung Kompetenzdefizite bzw. inkompetentes Verhalten im Zentrum der Aufmerksamkeit. Will man beispielsweise einen neuen Außendienstmitarbeiter einstellen, so fragt man nicht danach, was er nicht kann, sondern analysiert vorhandene Fähigkeiten und Fertigkeiten. In die nähere Auswahl gelangen Bewerber, die z. B. extravertiert sind, die Perspektive anderer Menschen einnehmen können, emotional stabil sind und noch dazu rhetorisch geschickt agieren. PE-Maßnahmen zur Steigerung derartiger Kompetenzen setzen bei wahrgenommenen Defiziten an und versuchen diese auszugleichen. Organisationsentwicklungsmaßnahmen nehmen demgegenüber Veränderungen der Arbeitsumwelt in Angriff, da die Defizite nicht in den Kompetenzen der Mitarbeiter, sondern im weitesten Sinne in den Merkmalen des Arbeitsplatzes liegen.

Unabhängig von der Frage, welcher Weg im konkreten Fall der richtige ist, fällt auf, dass der Personaldiagnostik jeweils eine Schlüsselfunktion zukommt. Ohne eine gute Personaldiagnostik lässt sich nicht feststellen, welche Anforderungen ein Arbeitsplatz an einen Mitarbeiter stellt, über welche Kompetenzen der Mitarbeiter bereits verfügt, welche noch weiter entwickelt werden müssen und wo etwaige Defizite der Arbeitsumwelt liegen (vgl. Kanning, 2004; Schuler, 2014b). Im folgenden Kapitel beschäftigen wir uns daher ausschließlich mit den Methoden zur Messung sozialer Kompetenzen.

# 3 Analyse sozialer Kompetenzen

Der Schlüssel zu einem effizienten Personalmanagement liegt in einer guten Personaldiagnostik (Kanning, 2004; Schuler, 2014b). Personaldiagnostische Methoden helfen bei der Auswahl geeigneter Bewerber und der Platzierung von Mitarbeitern innerhalb des Unternehmens. Potenziale sowie Kompetenzdefizite lassen sich ermitteln und Entwicklungsprozesse, die z. B. durch gezielte Fördermaßnahmen angestoßen wurden, messen. Insofern dient die Personaldiagnostik zwei einander ergänzenden Zielen. Zum einen gewährleistet sie eine gute Passung zwischen den Merkmalen eines Mitarbeiters und den Anforderungen seines Arbeitsplatzes. Dies kommt in gleicher Weise der Arbeitszufriedenheit sowie der Produktivität zu Gute. Zum anderen legt sie die Basis für einen ökonomischen Einsatz der Ressourcen. Entwicklungsmaßnahmen können bedarfsgerecht konzipiert und durch beständige Evaluation optimiert werden. Überall dort, wo Organisationsmitglieder als Vorgesetzte, Mitarbeiter, Kollegen oder Dienstleister mit anderen Menschen zu tun haben, sollte sich die Personaldiagnostik insbesondere mit der Messung sozialer Kompetenzen beschäftigen, denn es sind eben diese Kompetenzen, die das Sozialverhalten maßgeblich steuern (vgl. Kap. 2).

**Vier Diagnosemethoden**

Die Psychologie stellt sehr unterschiedliche Methoden zur Messung sozialer Kompetenzen bzw. sozial kompetenten Verhaltens zur Verfügung. Sie lassen sich in vier Gruppen zusammenfassen (vgl. Kanning, 2009b): *Kognitive Leistungstests* setzen unmittelbar auf der Ebene der Kompetenzen an, die dem Sozialverhalten eines Menschen zugrunde liegen (vgl. Abb. 15). Wie die Bezeichnung bereits verrät, beschränken sie sich dabei allerdings auf (perzeptiv-)kognitive Kompetenzen, wie z. B. die Deutung nonverbaler Botschaften. Die Methoden der *Verhaltensbeobachtung* und der *Verhaltensbeschreibung* beziehen sich auf das sichtbare Verhalten eines Menschen. Möchte man etwas über die zugrunde liegenden Kompetenzen erfahren, so bedarf es mehrerer Beobachtungen bzw. Beschreibungen, die sich auf verschiedene Situationen beziehen. Nur so lässt sich der Einfluss der Kompetenzen von den Umwelteinflüssen trennen (siehe unten). Der wesentliche Unterschied zwischen beiden Verfahrensweisen liegt in der Unmittelbarkeit, mit der das Sozialverhalten untersucht wird. Bei der Verhaltensbeobachtung tritt das Sozialverhalten in der diagnostischen Situation direkt in Erscheinung und kann daher sehr systematisch analysiert werden. Eine solchermaßen systematische Beobachtung des Verhaltens ist z. B. in Interviews, Assessment-Centern oder Arbeitsproben möglich. Bei der Verhaltensbeschreibung begnügt man sich hingegen mit mehr oder minder abstrakten Berichten und Bewertungen eines Verhaltens, das schon weiter zurück liegt und in der Regel nicht systematisch analysiert wurde. Zum Einsatz kommen Interviews oder Fragebögen. Die vierte Methodengruppe entfernt sich noch weiter von den eigentlichen Kompetenzen bzw. dem sichtbaren Verhalten. Sie beschäftigt sich mit der *Messung komplexer Kompetenzindikatoren*. Hierzu zählen vor allem biographische Ereignisse. So könnte man beispielsweise aus der Tatsache, dass ein Bewerber schon als junger Mensch Führungsaufgaben in der Schule oder in Freizeitgruppen übernommen hat, schließen, dass er über gewisse Führungskompetenzen verfügt. Ob derartige Schlussfolgerungen zutreffend sind, muss letztlich die Forschung zeigen. Bei Weitem nicht jede plausible Interpretation biografischer Fakten lässt sich auch empirisch untermauern (siehe unten).

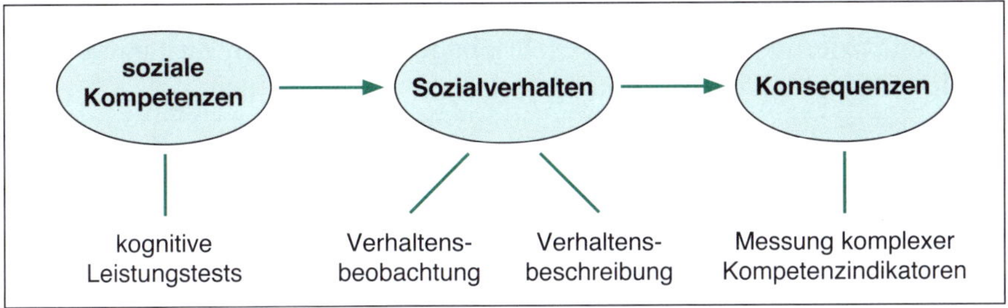


**Abbildung 15:**
Diagnostische Methoden im Überblick

## 3.1 Kognitive Leistungstests

Stellen wir uns einmal die folgende Situation vor. In einem großen Automobilkonzern müssen die Plätze eines Trainee-Programms neu besetzt werden. Zielgruppe sind Hochschulabsolventen unterschiedlichster Fächer, die das Potenzial zur Führungskraft in sich tragen. Die Nachwuchsführungskräfte sollen in den nächsten fünf Jahren – zunächst im Trainee-Programm und später in der Berufspraxis – dahingehend weiterqualifiziert und gefördert werden, dass sie in etwa fünf Jahren die Funktion eines Teamleiters übernehmen können. Man interessiert sich insbesondere für die sozialen Kompetenzen der Bewerber, da die Führungsarbeit im Unternehmen zu 80 % in der Auseinandersetzung mit anderen Menschen besteht. In jeder Gesprächssituation muss der Vorgesetzte u. a. über perzeptiv-kognitive Kompetenzen verfügen. So muss er beispielsweise beim Beurteilungsgespräch die Reaktionen des Mitarbeiters richtig interpretieren können, damit er eine angemessene Sprache findet und unnötige Verletzungen vermeidet. In unserem Beispielfall entscheidet sich die Personalabteilung für den Einsatz eines kognitiven Leistungstests.

Grundlage eines jeden Testverfahrens ist die Formulierung von Leistungsaufgaben wobei zwischen richtigen und falschen Lösungsmöglichkeiten unterschieden wird. In der Regel werden dem Probanden zu jeder Aufgabe mehrere Antwortalternativen vorgelegt, aus denen er eine auswählen muss. Die Messung erfolgt am Computer oder auf klassischem Wege mit Aufgabenheft und Stift *(paper-pencil)*. Ein Blick in die Fachliteratur (Überblick: Kanning, 2009b; Schmidt, 1995) zeigt, dass die Aufgaben derartiger Tests sehr unterschiedlich gestaltet sein können (vgl. folgender Kasten).

| Kognitive Aufgaben zur Messung sozialer Kompetenzen |
|---|
| **Wahrnehmung und Interpretation** |
| – Identifikation emotionaler Zustände anhand von Bildern/Filmen, die Gesichter bzw. Personen zeigen<br>– Identifizierung von verbal beschriebenen psychischen Zuständen<br>– Identifizierung der Beziehung zwischen zwei Personen |
| **Gedächtnis/Wissen** |
| – Zuordnen von Namen und Gesichtern/Personen<br>– Wissensfragen zur „Natur“ menschlichen Verhaltens<br>– Wissensfragen in Bezug auf soziale Normen<br>– Zuordnen von sozialen Regeln zu passenden Situationen<br>– Wissensfragen in Bezug auf soziale Problemlösestrategien |
| **Schlussfolgerndes Denken** |
| – Ordnen von Bildern zu einer sinnvollen Geschichte<br>– Ergänzen von Bildfolgen<br>– Erklärung für das Zustandekommen emotionaler Zustände<br>– Antizipation der Weiterentwicklung von Bildfolgen/Filmszenen<br>– Verständnis für humoristische Geschichten |

**Wahrnehmung und Interpretation sozialer Stimuli**

Manche Testitems beziehen sich auf die *Wahrnehmung und Interpretation* sozialer Stimuli (Moss, Hunt, Omwake & Ronning, 1927; O'Sullivan & Guilford, 1966). Dabei wird der Bewerber z. B. mit Bildern oder Filmen konfrontiert, in denen er das Gesicht eines anderen Menschen oder auch eine komplexere Handlung beobachten kann. Anschließend soll der Proband entscheiden, in welcher emotionalen Verfassung sich der Protagonist befunden hat (vgl. Abb. 16). Ähnlich gelagert sind Aufgaben, bei denen zunächst das Verhalten eines Menschen in einer bestimmten Situation beschrieben wird (z. B. Warten in einer langen Schlange vor der Kasse im Supermarkt). Die Probanden sollen die wahrscheinliche Stimmungslage des Protagonisten beschreiben. In einem Test von Sternberg und Smith (1985) werden die Probanden mit mehreren Fotos konfrontiert, auf denen jeweils eine Frau und ein Mann in unterschiedlichen Situationen zu sehen sind. Der Proband soll angeben, in welchen Fällen zwischen den beiden Personen eine besonders enge Beziehung besteht.

In welcher Stimmung befindet sich die abgebildete Person?

| | | |
|---|---|---|
| ❍ fröhlich | ❍ fröhlich | ❍ fröhlich |
| ❍ neutral | ❍ neutral | ❍ neutral |
| ❍ traurig | ❍ traurig | ❍ traurig |
| ❍ ängstlich | ❍ ängstlich | ❍ ängstlich |
| ❍ wütend | ❍ wütend | ❍ wütend |

**Abbildung 16:**
Beispiel für ein Item zur Interpretation von Stimmungen

**Gedächtnis und sozial relevantes Wissen**

Andere Testaufgaben untersuchen *Gedächtnisinhalte bzw. das Wissen* des Probanden in Bezug auf soziale Situationen. Ein erfolgreiches Sozialverhalten eines Bankangestellten könnte u. a. davon abhängen, dass er sich die Namen und Gesichter der Kunden gut einprägen kann. Sobald ein Kunde die Bank betritt, könnte der Angestellte ihn direkt mit Namen ansprechen und so zu einer vertrauensvollen Atmosphäre beitragen. Im Rahmen der Personaldiagnostik ließe sich eine entsprechende Fähigkeit leicht testen, indem man dem Probanden eine Reihe von Porträts mit Namen vorlegt und nach einer kurzen Betrachtungszeit die durcheinandergewürfelten Bilder und Namen wieder in eine richtige Ordnung bringen lässt (vgl. Kessler, Ehlen, Halber & Bruckbauer, 1999). Alternative Aufgaben zur Erfassung sozial relevanter Gedächtnisinhalte fragen explizit nach dem Wissen des Kandidaten über die Natur des menschlichen Verhaltens oder seinem Wissen um soziale Verhaltensregeln, die in einer bestimmten (beruflichen) Situation gelten (Kanning, 2003). Wieder andere Aufgaben konfrontieren den Probanden mit sozialen Problemsituationen (z. B. Konflikte zwischen zwei Mitarbeitern) und bitten den Probanden um einen Lösungsvorschlag. Hierzu werden ggf. Alternativen vorgelegt, aus denen die beste auszuwählen ist (Kanning, 2008, 2013a).

**Schlussfolgerndes Denken**

Neben Wahrnehmungs- und Wissensfragen kann man schließlich auch Aufgaben einsetzen, die die *Fähigkeiten zum Schlussfolgernden Denken* in Bezug auf soziale Situationen messen. Den Probanden werden beispielsweise mehrere Karten einer Bildgeschichte vorgelegt, die sie so ordnen oder ergänzen sollen, dass sich eine sinnvolle Handlung ergibt (z. B. Tewes, Rossmann & Schallberger, 2000). Überdies könnte man Bildkarten vorlegen, die eine Geschichte erzählen, die der Proband erläutern oder in ihrer weiteren Entwicklung beschreiben soll.

**Emotionale Intelligenz**

Im deutschsprachigen Raum liegt seit wenigen Jahren die Übersetzung des Mayer-Salovey-Caruso Tests zur Messung der emotionalen Intelligenz vor (MSCEIT; Steinmayer, Schütz, Hertel & Schröder-Abé, 2011). Der Test integriert mehrere der zuvor genannten Aufgabentypen (vgl. Tab. 8). Mit insgesamt acht verschiedenen Aufgabengruppen erfasst der MSCEIT zwei übergeordnete Facetten der emotionalen Intelligenz, die sich wiederum zu einem Gesamtscore integrieren lassen. Die Festlegung, welche Lösung der einzelnen Items als richtig zu bezeichnen ist, wurde sowohl über Experteneinschätzungen als auch über die Ergebnisse einer Stichprobe von mehr als 600 Probanden festgelegt. „Richtig" ist demnach eine individuelle Lösung in dem Maße, in dem sie mit der Meinung der Experten bzw. der Stichprobe übereinstimmt. Hierin liegt ein zentraler Unterschied zu klassischen Intelligenztests, bei denen sich die richtige Lösung inhaltlich-logisch ableiten lässt. Die meisten einzelnen Skalen des MSCEIT weisen so geringe Reliabilitätswerte auf, dass sie nicht sinnvoll interpretiert werden können. Was bleibt, ist eine Interpretation des Gesamtwertes. Leider liegen keine Informationen darüber vor, inwieweit die untersuchte Eigenschaft (bzw. die Eigenschaften) auch zeitlich stabil gemessen werden kann. Insofern ist auch hier Vorsicht bei der Interpretation geboten.

**Tabelle 8:**
Struktur und Kennwerte des MSCEIT (Steinmayer et al., 2011)

| Skala | Aufgaben | Items | Innere Konsistenz |
|---|---|---|---|
| **Erfahrungsbasierte Emotionale Intelligenz** | | | **.90–.90** |
| Emotionswahrnehmung | *Gesichter:* Bezogen auf vier Fotos von Gesichtern muss entschieden werden, inwieweit sie fünf Emotionen spiegeln. | 20 | .81–.85 |
| | *Bilder:* Bezogen auf sechs Landschaftsbilder bzw. Muster muss entscheiden werden, inwieweit sie fünf Emotionen spiegeln. | 30 | .90–.91 |
| Emotionsnutzung | *Unterstützen:* Bezogen auf fünf Situationen muss eingeschätzt werden, inwieweit drei Emotionen in derselben hilfreich oder hinderlich sind. | 15 | .53–.57 |
| | *Sinneseindrücke:* Bezogen auf fünf imaginierte Emotionen muss eingeschätzt werden, inwieweit sie mit drei Sinneseindrücke (z. B. Temperatur, Farbe) assoziiert sind. | 15 | .51–.57 |

**Tabelle 8:**
Fortsetzung

| Skala | Aufgaben | Items | Innere Konsistenz |
|---|---|---|---|
| **Strategische Emotionale Intelligenz** | | | **.76–.78** |
| Emotionswissen | *Veränderungen:* Bezogen auf 20 Situationen, in denen sich die Emotionen einer Person ändern, muss aus fünf Alternativen eine passende Ursache ausgewählt werden. | 20 | .64–.65 |
| | *Komplexe Emotionen:* Bezogen auf zwölf komplexe Emotionen muss entscheiden werden, aus welchen Einzelemotionen sie sich zusammensetzen. | 12 | .49–.54 |
| Emotionsregulation | *Umgang mit eigenen Emotionen:* Bezogen auf fünf Situationen muss entschieden werden, inwieweit vier Verhaltensalternativen zur Aufrechterhaltung oder Veränderung einer Emotion beitragen können. | 20 | .43–.53 |
| | *Emotionen in Beziehungen:* Bezogen auf drei Beziehungssituationen muss entschieden werden, inwieweit drei emotionsbehaftete Verhaltensalternativen zur Aufrechterhaltung oder Veränderung einer Situation beitragen können. | 9 | .56–.58 |
| **Gesamtskala** | | **141** | **.89–.90** |

Im Vergleich zu älteren Testverfahren (z. B. Moss et al., 1927; O'Sullivan & Guilford, 1966) weist der MSCEIT keine allzu hohen Korrelationen mit der allgemeinen Intelligenz auf. Die Zusammenhänge sind aber durchaus substanziell (r = .24 mit dem Verbalteil des I-S-T 2000 R; Steinmayer et al., 2011). Insofern ist es gelungen, ein Konstrukt zu erfassen, dass im Wesentlichen jenseits der rein kognitiven Leistungsfähigkeit liegt. Inwieweit der MSCEIT alltägliches Sozialverhalten widerspiegelt, ist bislang noch unklar. Ältere Verfahren hatten meist das Problem, dass sie aufgrund der sehr abstrakten Aufgabenstellung in starkem Maße von der Intelligenz abhingen, jedoch kaum Zusammenhänge zum Sozialverhalten der Probanden aufwiesen (Schmidt, 1995). Erste Studien aus dem berufsbezogenen Kontext stimmten bezogen auf den MSCEIT jedoch hoffnungsfroh (Steinmayer et al., 2011).

## 3.2 Verhaltensbeobachtung

Für unseren Beispielfall der Personalauswahl von Nachwuchsführungskräften wäre auch eine Verhaltensbeobachtung sinnvoll. Hier bieten sich vielfältige Möglichkeiten, die vergleichsweise wenig Entwicklungsaufwand erfordern. Das Grundprinzip der Verhaltensbeobachtung ist recht einfach. Das Verhalten eines Probanden wird in einer konkreten Situation, in der er mit anderen Menschen interagiert, beobachtet und bewertet. Dies geschieht etwa im Rahmen von Interviews, Arbeitsproben oder Assessment-Centern. Zur Auswahl von Nachwuchsführungskräften würde man mit großer Wahrscheinlichkeit neben der Interviewtechnik ein Assessment-Center einsetzen. Im Berufsalltag laufen Verhaltensbeobachtungen meist weniger formalisiert ab.

**Beobachtungsmethoden**

Die Methode der Verhaltensbeobachtung kann sehr unterschiedlich ausgestaltet werden. In Abbildung 17 haben wir die wichtigsten Dimensionen, hinsichtlich derer sich verschiedene Beobachtungsmethoden voneinander unterscheiden, aufgelistet (ausführlicher: Kanning, 2004).

**Abbildung 17:**
Dimensionen zur Beschreibung einer Verhaltensbeobachtung

**Selbst- vs. Fremdbeobachtung**

Beobachtungen können entweder durch die zu bewertende Person selbst oder durch andere Menschen erfolgen *(Selbst- vs. Fremdbeobachtung)*. In der personaldiagnostischen Praxis arbeitet man fast ausschließlich mit Fremdbeobachtungen durch Vorgesetzte oder Mitarbeiter der Personalabteilung. Allerdings lassen sich durchaus auch Fragestellungen denken, bei denen ein Vergleich zwischen der Selbstwahrnehmung und der Fremdwahrnehmung von großem Interesse ist. Dies gilt etwa für Verhaltenstrainings, in denen Selbst- und Fremdbild zum Zwecke der kritischen Reflexion des eigenen Verhaltens kontrastiert werden.

Beobachtungen können *teilnehmend* oder *nicht teilnehmend* sein. Eine teilnehmende Beobachtung liegt vor, wenn der Beobachter selbst in das zu beobachtende Geschehen involviert ist (z. B. Vorgesetzter im Arbeitsalltag), während er in einer nicht teilnehmenden Beobachtung den Prozess als Unbeteiligter betrachtet (z. B. Beobachter im Assessment-Center). Bei teilnehmenden Beobachtungen kann sich der Beobachter nicht vollständig auf seine Rolle als Diagnostiker konzentrieren und beeinflusst zudem durch sein eigenes Handeln den Probanden. Geht es um wichtige Personalentscheidungen, wie z. B. die Besetzung eines Arbeitsplatzes, sollte die Wahl daher auf eine nicht teilnehmende Beobachtungsmethode fallen.

**Teilnehmende vs. nicht teilnehmende Beobachtung**

Beobachtungen können mehr oder weniger *offen* bzw. *verdeckt* ablaufen. Bei offenen Beobachtungen weiß der Proband, dass er gerade Gegenstand einer diagnostischen Untersuchung ist (z. B. Interviewsituation). Bei verdeckten Beobachtungen ist dies nicht der Fall. Sie verbietet sich aus ethischen Gründen.

**Offene vs. verdeckte Beobachtung**

Die Beobachtung kann in einem mehr oder weniger *natürlichen* bzw. *künstlichen Setting* stattfinden. Eine maximale Natürlichkeit liegt bei Beobachtungen am Arbeitsplatz vor. Interviews oder Assessment-Center weisen demgegenüber immer einen höheren Grad an Künstlichkeit auf. Dennoch kann man sich auch in solchen Situationen um eine Simulation realer Begebenheiten bemühen. Je größer die Ähnlichkeit zwischen der Untersuchungssituation und der Berufsrealität ausfällt, desto eher lassen sich die Ergebnisse der Untersuchung auf Alltagssituationen übertragen.

**Natürliche vs. künstliche Beobachtungssettings**

Von großer Bedeutung ist die *Systematik* der Beobachtung. Bei besonders systematischen Beobachtungen wurde im Vorhinein exakt festgelegt, welche Verhaltenselemente im Zentrum des Interesses stehen, wie die Beobachtungen protokolliert werden und nach welchen Kriterien eine Bewertung des Verhaltens erfolgt. Darüber hinaus wurden die Rahmenbedingungen der Beobachtung mit Bedacht gewählt. Den Prototypen eines solch systematischen Vorgehens stellt das Assessment-Center dar. Durch die hohe Standardisierung wird sichergestellt, dass mehrere Kandidaten nach den gleichen Prinzipien untersucht werden und somit ein direkter Vergleich der Untersuchungsergebnisse legitim ist (Kanning & Schuler, 2014). Unsystematische Beobachtungen, wie sie häufig während der Arbeitszeit durch Vorgesetzte vorgenommen werden, weisen im Vergleich hierzu eine gewisse Willkürlichkeit auf. Verschiedene Beobachter selektieren dabei unterschiedliche Details aus der Vielzahl der Informationen und legen verschiedene Wertmaßstäbe an.

**Systematische vs. unsystematische Beobachtung**

Nicht minder bedeutsam ist die Frage, inwiefern die *Beobachter für ihre Aufgabe geschult* wurden. Die menschliche Urteilsbildung unterliegt zahlreichen systematischen Urteilsfehlern, die in der natürlichen Funktion unseres Informationsverarbeitungssystems angelegt sind (Kanning, 1999). Informationen werden in systematischer Weise selektiv wahrgenommen, im

**Geschulte vs. ungeschulte Beobachter**

Gedächtnis gespeichert und verzerrt erinnert. Eigene Erwartungen und Emotionen, gesellschaftliche Stereotype und viele andere Faktoren führen zu einer fehlerhaften Urteilsbildung, die durch berufliche Fachkompetenz oder „Lebenserfahrung" nicht ausgeglichen werden kann, zumal sich die Beobachter der meisten Fehler, die sie machen, nicht bewusst sind. Eine professionelle Beobachtung setzt somit zwingend eine Schulung der Beobachter voraus (vgl. Kanning & Schuler, 2014; Kanning, Hofer & Schulze Willbrenning, 2004). Gegenstand der Schulung ist jedoch nicht nur die Frage, wie sich systematische Fehler der Personenbeurteilung vermeiden lassen, sondern auch der Umgang mit den Beobachtungsmaterialien (Protokollbögen, Beurteilungsskalen, Checklisten etc.) sowie die Vermittlung der Bewertungsmaßstäbe.

**Anzahl der Beobachter**

Die letzte Variable, hinsichtlich derer sich Beobachtungsmethoden unterscheiden lassen, ist die *Anzahl der Beobachter*. Sie schwankt in der Regel zwischen einer und fünf oder sechs Personen (Beobachtungen im Arbeitsalltag durch den Vorgesetzten vs. Assessment-Center). Der Einsatz mehrerer Beobachter stellt die Beurteilung auf eine breitere Basis und sichert das Urteil hierdurch besser ab. Wichtig ist dabei allerdings, dass die Beobachter unabhängig voneinander arbeiten und sich bei der Urteilsfindung nicht gegenseitig beeinflussen können. Überdies bietet der Einsatz mehrerer Beobachter die Möglichkeit, ein komplexes Geschehen umfassender würdigen zu können. So könnten beispielsweise jeweils zwei Beobachter unterschiedliche Facetten des Verhaltens eingehend betrachten, so dass insgesamt weitaus mehr Informationen gesammelt werden als dies einem einzelnen Beobachter aufgrund seiner begrenzten Informationsverarbeitungskapazität möglich wäre.

Insgesamt betrachtet, wäre somit aus diagnostischer Sicht einer systematischen Beobachtung, an der mehrere geschulte Beobachter offen und nicht teilnehmend das Verhalten eines Probanden in einer möglichst natürlichen Umgebung begutachten, der Vorzug zu geben.

**Bewertungsskalen**

Die Verhaltensbeobachtung geht immer mit einer Bewertung einher. Man will nicht nur wissen, welches Verhalten ein Bewerber in einem simulierten Mitarbeitergespräch oder einer Diskussionsrunde mit Gleichgestellten zeigt, sondern wird sich auch fragen, wie das beobachtete Verhalten vor dem Hintergrund der beruflichen Anforderungen zu beurteilen ist. Zur Bewertung benötigt man wiederum einen Bewertungsmaßstab, der in den allermeisten Fällen durch sogenannte *Bewertungsskalen* repräsentiert wird (Lohaus & Schuler, 2014). Abbildung 18 stellt unterschiedliche Typen dieser Skalen vor. Generell sollte man solchen Skalen den Vorzug geben, die eine möglichst eindeutige Definition der Punktwerte ermöglichen. Im Falle der Skalen A und B trifft dies nicht zu. Im ersten Beispiel wird nicht definiert, was genau unter einer geringen oder hohen Teamfähigkeit zu verstehen ist. Jeder Beobachter ist daher darauf angewiesen, seinen eigenen Bewertungsmaßstab zu finden, sodass die Bewertung des Verhaltens eines Bewerbers (oder eines Mitarbeiters im Rahmen einer Leistungsbeurteilung) in starkem Maße von der Person des Beurteilenden abhängt (= mangelnde Objektivität). Im Beispielfall B hängt die Bewertung des Einzelnen von den Leistungen der übrigen Bewerber (bzw. Kollegen) ab. Dies wiederum hat zur Folge, dass ein und dasselbe Verhalten sehr unterschiedlich bewertet wird. Tritt der Bewerber X per Zufall in einer sehr starken Gruppe von Mitbewerbern an, so erscheint er relativ schwach. Wären die Konkurrenten hingegen weniger teamfähig, so würde er mit einem identischen Verhalten als überdurchschnittlich eingestuft werden. Bei derartigen Skalen geht leicht der Blick für das an einem Arbeitsplatz notwendige Maß der Teamfähigkeit verloren. Im schlimmsten Fall erscheint jemand als sehr teamfähig, der gemessen an den Anforderungen der Stelle nicht einmal hinreichend geeignet ist. Hier gilt das Prinzip: „Unter den Blinden ist der Einäugige König." Derartige Probleme treten bei verhaltensverankerten Skalen (Beispiel C in Abb. 18) nicht auf. Hier wird inhaltlich ein Maßstab definiert, der sich an den Anforderungen der Stelle orientiert. Im Extremfall können alle Bewerber (oder Mitarbeiter im Zuge eine Leistungsbeurteilung) einen sehr niedrigen Wert erzielen, wenn sie gemessen an den Anforderungen nicht hinreichend teamfähig sind. Nicht der individuelle Maßstab der einzelnen Beurteiler ist entscheidend, sondern der über die Anforderungen der Stelle definierte Maßstab (vgl. Kanning, Möller, Kolev & Pöttker, 2013).

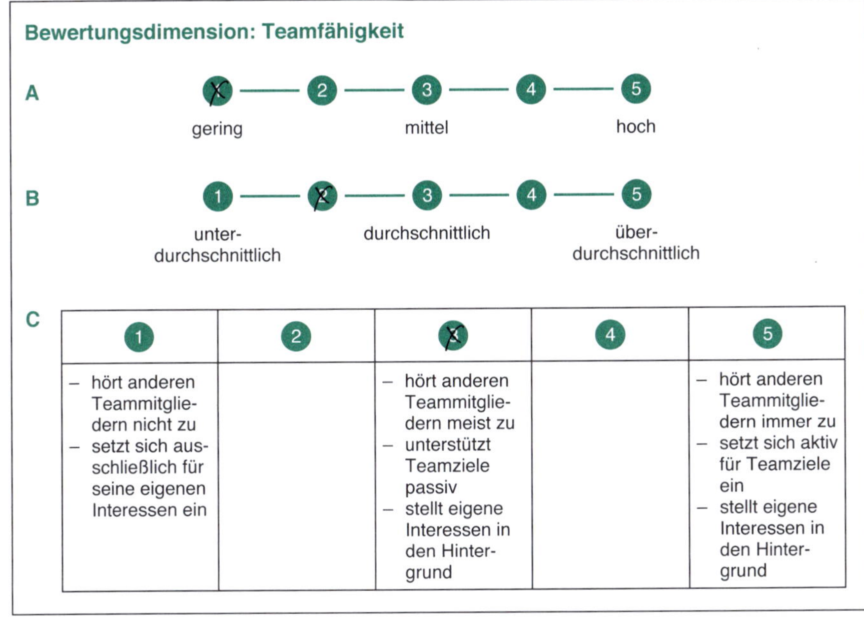


**Abbildung 18:**
Beispiele für Bewertungsskalen

**Durchführung mehrerer Beobachtungen**

Im Laufe der Zeit haben sich mehrere klassische Beobachtungsübungen herausgebildet, die insbesondere im Assessment-Center eingesetzt werden. Hierzu zählen Rollenspiele, Gruppendiskussionen und Vorträge (vgl. Kanning & Schuler, 2014; Kleinmann, 2013). Die Übungen repräsentierten verschiedene soziale Situationen, die im Anwendungsfall mit spezifischen Inhalten zu füllen sind. So wird man aufgrund der unterschiedlichen Arbeitsaufgaben das Rollenspiel für eine Nachwuchsführungskraft inhaltlich ganz anders gestalten als das Rollenspiel für einen Außendienstmitarbeiter. Bei der Definition der Übungsinhalte helfen die Ergebnisse von Anforderungsanalysen (vgl. Kanning, Pöttker & Klinge, 2008; Schuler, 2014a).

Verhaltensbeobachtungen liefern z. B. Informationen darüber, ob ein Bewerber in einer Gruppendiskussion eigene Ideen zu Gehör bringen kann, im Rollenspiel auf die Bedürfnisse eines Kunden eingeht oder im Vortrag rhetorisches Geschick an den Tag legt. In den meisten Fällen ist man jedoch nicht nur am situativen Verhalten eines Bewerbers oder Mitarbeiters interessiert, sondern möchte etwas über die dem sichtbaren Verhalten zugrunde liegenden sozialen Kompetenzen erfahren. Ohne eine solch tiefergehende Information könnte man keine Aussagen über Potenziale oder die Wahrscheinlichkeit eines bestimmten Verhaltens in völlig neuen Situationen treffen. Der Schluss vom sichtbaren Verhalten auf die verborgenen Kompetenzen erfordert eine mehrfache Beobachtung des Verhaltens in unterschiedlichen Situationen (vgl. Abb. 19). Nur so lassen sich Einflüsse der Umwelt von denen der individuellen Kompetenzen trennen. Beobachten wir beispielsweise, dass sich ein Bewerber in der Gruppendiskussion kaum zu Wort meldet, könnte man dies als einen Hinweis auf mangelnde Durchsetzungsstärke

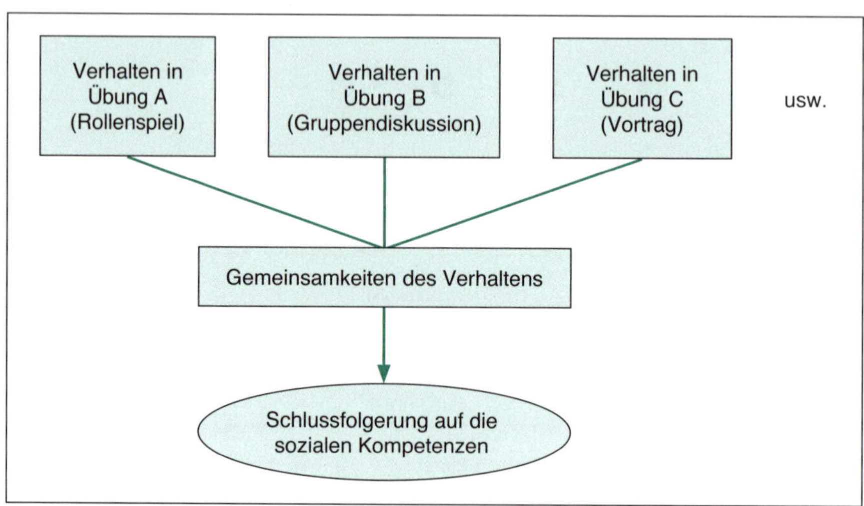


**Abbildung 19:**
Schlussfolgerung von beobachtetem Verhalten auf Kompetenzen

oder rhetorische Defizite werten. Führt man zusätzlich ein Rollenspiel, eine Vortragsübung und vielleicht auch eine zweite Gruppendiskussion durch, kann dieser Eindruck abgesichert werden. Verhält sich der Bewerber in diesen sehr unterschiedlichen Übungen nahezu konstant zurückhaltend und wortkarg, so ist sein Verhalten offenbar nicht durch spezifische Übungen bzw. Übungsinhalte zu erklären. Dennoch bleibt natürlich eine gewisse Unsicherheit, da man aus praktischen Gründen immer nur eine sehr begrenzte Anzahl von Übungen durchführen kann. Sofern diese Übungen den Berufsalltag in den erfolgskritischen Situationen adäquat simulieren, ist ein solches Vorgehen ebenso legitim wie sinnvoll.

Alles in allem betrachtet, ist die Verhaltensbeobachtung eine aufwendige Methode, die insbesondere dann wertvolle Informationen über einen Kandidaten liefert, wenn grundlegende Prinzipien wie etwa der Einsatz von mehreren unabhängigen geschulten Beobachtern umgesetzt werden. Die Verhaltensbeobachtung versorgt den Diagnostiker mit Informationen, die deutlich über das hinausgehen, was alternative Methoden bieten. Sie ist die einzige Methode, bei der man sich ganz unmittelbar mit dem berufsbezogenen Sozialverhalten auseinandersetzt. Es wird nicht über Verhalten geredet, berichtet oder spekuliert, nein, das Verhalten selbst wird einer direkten Analyse unterzogen.

## 3.3 Verhaltensbeschreibung

Der Begriff der Verhaltensbeschreibung mag auf den ersten Blick in die Irre führen. Natürlich geht es bei der Methode der Verhaltensbeschreibung nicht nur um die bloße Schilderung von Handlungen, sondern auch um die Bewertung derselben vor dem Hintergrund der Anforderungen, die ein bestimmter Arbeitsplatz an den Arbeitsplatzinhaber stellt. Ähnlich wie bei Verhaltensbeobachtungen beziehen sich Verhaltensbeschreibungen nicht unmittelbar auf die sozialen Kompetenzen eines Menschen, sondern auf sein Sozialverhalten. Interessiert man sich für die dem Verhalten zugrunde liegenden Kompetenzen, so benötigt man entweder viele Beschreibungen, die sich auf das Verhalten in unterschiedlichen Situationen beziehen (vgl. Abb. 19), oder von vornherein sehr abstrakte Beschreibungen, die situationsübergreifende Orientierungen des Probanden deutlich machen. Den ersten Weg beschreitet man z. B. im Rahmen von Interviews, während der zweite Weg eine Domäne der Fragebogenmethode ist. Dabei ermöglicht ein wissenschaftlich fundierter Fragebogen in der Regel auch einen Vergleich der individuellen Ergebnisse mit sehr großen Stichproben von Menschen. Durch diese sogenannte Normierung der Ergebnisse erhält man Informationen darüber, inwieweit die Ausprägung einer bestimmten Kompetenz als unter-, über- oder durchschnittlich zu bewerten ist (vgl. Kanning, 2004).

**Mündliche vs. schriftliche Befragung**

Beschreibungen können entweder durch *mündliche* oder *schriftliche (bzw. computergestützte) Befragungen* erhoben werden. Mündliche Befragungen haben den Vorteil, dass der Proband sehr detaillierte Schilderungen geben und der Interviewer durch Nachfragen flexibel auf seine Antworten reagieren kann. In der Forschung haben sich insbesondere anforderungsbezogene, strukturierte Interviews als erfolgreich erwiesen (Schuler, 2014c). Bei strukturierten Interviews ist das Vorgehen sehr durchdacht. Vor dem eigentlichen Interview wird auf der Basis einer Anforderungsanalyse ermittelt, welche Informationen von besonderer Relevanz sind. Anschließend konzipiert man einen Interviewleitfaden, in dem zielgerichtet unterschiedliche Fragenformate eingesetzt werden. Die Antworten der Probanden werden protokolliert und mit Hilfe von differenzierten Beurteilungsskalen bewertet. Vergleichbar zur Verhaltensbeobachtung, wirkt sich auch beim Interview der Einsatz von mehreren unabhängigen Diagnostikern positiv auf die Qualität der gewonnenen Daten aus. Strukturierte Interviews weisen gegenüber unstrukturierten, bei denen der Interviewer wie in einem alltäglichen Gespräch seinen aktuellen Eingebungen folgt und jedem Gesprächspartner letztlich andere Fragen stellt, eine deutlich höhere Validität auf (Schmidt & Hunter, 1998). Nach der Metaanalyse von Quinones, Ford und Teachout (1995) klären strukturierte Einstellungsinterviews, die auf Anforderungsanalysen beruhen, fast achtmal so viel Varianz der tatsächlichen beruflichen Leistung eines zukünftigen Mitarbeiters auf als unstrukturierte Einstellungsinterviews, die heute in kleinen und mittelständischen Unternehmen immer noch die Regel sind (vgl. Kanning, 2015). Für eine ausführliche Auseinandersetzung mit der Interviewmethode sei auf die umfassende Abhandlung von Schuler (2002b) verwiesen.

Schriftliche Befragungen sind im Vergleich zum Interview mit weniger Personal- und Zeitaufwand verbunden. Auch hier lassen sich verschiedene Fragentypen unterscheiden. Am häufigsten kommen Statements zum Einsatz, bei denen der Proband angeben muss, inwieweit das fragliche Verhalten auf ihn zutrifft (vgl. Abb. 21). Alternativ hierzu werden gelegentlich auch situative Items eingesetzt.

**Situational Judgment Test**

*Situational Judgment Tests* (SJT; Kanning, 2013a; Weekley & Ployhart, 2006) konfrontieren den Probanden z. B. mit sozialen Situationen aus dem Berufsleben und stellen ihm mehrere Verhaltensalternativen zur Auswahl (vgl. Abb. 20). Je nach Zielrichtung des Verfahrens muss der Proband entweder entscheiden, wie man sich in der fraglichen Situation verhalten sollte („should do“) oder wie er sich selbst verhalten würde („would do“). Ersteres erfasst eher kognitive soziale Kompetenzen. Daher korrelieren die Ergebnisse auch stärker mit der Intelligenz. Der SJT hat dann eher den Charakter eines Leistungstests, sofern aufgrund von Experteneinschätzungen sichergestellt werden kann, welche Alternative tatsächlich die beste ist. Wird im SJT hingegen nach eigenem Verhalten gefragt, korrelieren die Ergebnisse stärker mit Persönlichkeitsmaßen (Nguyen, Bidermann & McDaniel, 2005). In diesem Fall kommt der SJT einem Fragebogen zur Selbsteinschätzung nahe. SJT unterscheiden sich zudem dahingehend, wie mit den Antwortalternativen zu verfahren ist (vgl. Möller, 2010). Im einfachsten Falle geht es darum, eine Alternative auszuwählen. Ebenso gut kann die Aufgabe aber auch darin bestehen, alle Verhaltensweisen in eine Rangreihenfolge zu bringen *(ranking)*. Alternativ hierzu müssen die Verhaltensweisen einzeln auf einer mehrstufigen Skala bewertet werden (*rating*; z. B. von „halte ich für überhaupt nicht geeignet" bis „halte ich für sehr geeignet"). Computergestützte Befragungen ermöglichen den Einsatz von Videofilmen, die zu einer besonders naturgetreuen Realitätsschilderung beitragen (z. B. Kanning, 2003b; Weekley & Jones, 1997). Allerdings führt eine plastische Situationsschilderung per Video nicht zwangsläufig zu valideren Ergebnissen (Funke & Schuler, 1998; Motowidlo, Dunnette & Carter, 1990). Ein weiterer Vorteil des Computers besteht darin, dass interaktive Items möglich sind (vgl. Kanning, Grewe, Hollenberg & Hadouche, 2006). Dabei wird die Situation in Abhängigkeit von der präferierten Verhaltensalternative weiterentwickelt: Reagiert z. B. ein Servicemitarbeiter im SJT sehr offensiv auf die Kritik eines Kunden, so könnte die Situation im darauffolgenden Schritt eskalieren, woraufhin der Proband, nun erneut aus einer Reihe von Verhaltensalternativen auswählend, beschreiben muss, wie er mit der veränderten Situation umgehen würde. Interaktive Items spiegeln die Realität besser wider, da man auch im realen Leben sein Verhalten im Verlaufe einer Interaktion verändern bzw. an die sich verändernde Situationen anpassen kann.

**Ranking vs. Rating**

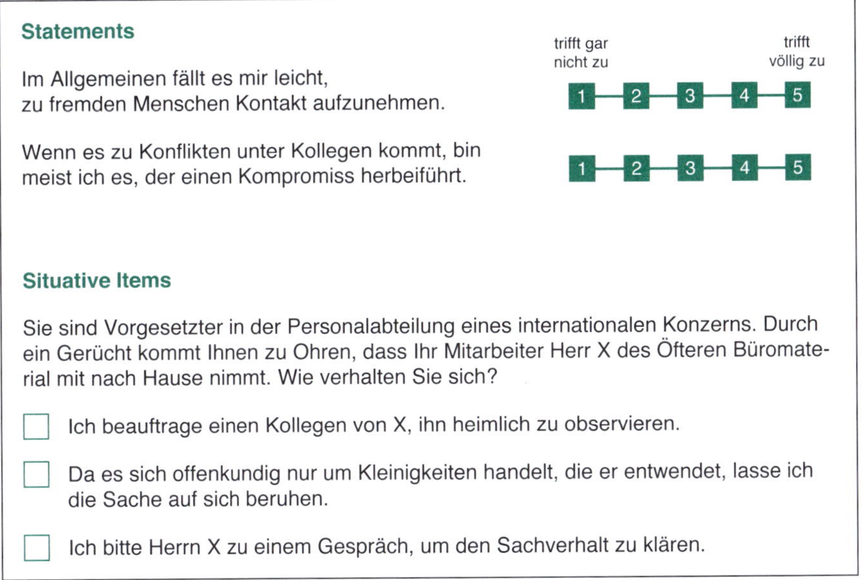


**Abbildung 20:**
Beispiele für Fragebogenitems zur Messung sozialer Kompetenzen

SJT weisen eine hohe kriterienbezogene Validität auf (Christian, Edwards & Bradley, 2010), was sicherlich auf ihren die Realität simulierenden Charakter zurückzuführen ist. Ob interaktive Items zu einer weiteren Steigerung der Validität führen, ist einstweilen ungewiss.

**Standardisierte Fragebögen**

Der Markt liefert viele standardisierte Instrumente zur schriftlichen Befragung, die meist auch computergestützt ablaufen. Sie werden entweder von Fachverlagen publiziert – hierbei handelt es sich in der Regel um Verfahren, die aus einem wissenschaftlichen Umfeld stammen – oder von Unternehmensberatungen entwickelt und vertrieben. Meist ist über Letztere wenig bekannt, da sie sich kaum einer wissenschaftlichen Diskussion stellen. Viele dieser Fragebogeninstrumente, die in der Praxis eine sehr weite Verbreitung finden, erfüllen nicht einmal grundlegende methodische Anforderungen (Kanning, 2013b, 2013c). In jedem Falle sollte man sich bei der Auswahl entsprechender Verfahren nicht von ihrer Popularität leiten lassen, sondern fachkundigen Rat einholen.

Nahezu jeder allgemeine Persönlichkeitsfragebogen erfasst u. a. auch ausgewählte soziale Kompetenzen. Hinzu kommen Verfahren, die eine Zusammenstellung berufsrelevanter Kompetenzen untersuchen. Tabelle 9 gibt einen Überblick über deutschsprachige Instrumente, die in Fachverlagen veröffentlicht wurden und u. a. auch berufsrelevante soziale Kompetenzen messen.

**Tabelle 9:**
Fragebogeninstrumente zur Messung sozialer Kompetenzen

| Messinstrument | Autoren | Anzahl aller Skalen | Skalen zur Beschreibung sozialer Kompetenzen |
|---|---|---|---|
| **AIST-R/UST-R:** Allgemeiner Interessen-Struktur-Test/Umwelt-Struktur-Test | Bergmann & Eder (2005) | 6 | Soziale Interessen |
| **BIP:** Bochumer Inventar zur berufsbezogenen Persönlichkeitsbeschreibung | Hossiep, Paschen & Mühlhaus (2003) | 14 | Sensitivität, Kontaktfähigkeit, Soziabilität, Teamorientierung, Durchsetzungsstärke (Führungsmotivation, Emotionale Stabilität) |
| **BIP-6F:** Bochumer Inventar zur berufsbezogenen Persönlichkeitsbeschreibung – 6 Faktoren | Hossiep & Krüger (2012) | 6 | Dominanz, Kooperation, Sozialkompetenz |
| **FPI-R:** Freiburger Persönlichkeitsinventar | Fahrenberg, Hampel & Selg (2010) | 12 | Soziale Orientierung, Gehemmtheit, Erregbarkeit, Aggressivität, Offenheit, Extraversion, Emotionalität |

**Tabelle 9:**
Fortsetzung

| Messinstrument | Autoren | Anzahl aller Skalen | Skalen zur Beschreibung sozialer Kompetenzen |
|---|---|---|---|
| **ISK:** Inventar sozialer Kompetenzen | Kanning (2009a) | 108 | *Primärskalen:* Prosozialität, Perspektivenübernahme, Wertepluralismus, Kompromissbereitschaft, Zuhören, Durchsetzungsfähigkeit, Konfliktbereitschaft, Extraversion, Entscheidungsfreudigkeit, Selbstkontrolle, Emotionale Stabilität, Handlungsflexibilität, Internalität, Selbstdarstellung, Direkte Selbstaufmerksamkeit, Indirekte Selbstaufmerksamkeit, Personenwahrnehmung<br>*Sekundärskalen:* Soziale Orientierung, Offensivität, Selbststeuerung, Reflexibilität |
| **ISK-360°:** Inventar zur Messung sozialer Kompetenzen in Selbst- und Fremdbild | Kanning (2014c) | 32 | Soziale Orientierung, Offensivität, Selbststeuerung, Reflexibilität |
| **MDF-360°:** Multidirektionales Feedback – 360° | Fennekels (2003) | 3–5 | z. B. Kollegenfeedback: Teamorientierung, Zusammenarbeit, Integration und Information. Arbeitsorganisation, soziale Kompetenz |
| **MFA:** Management Fallstudien | Fennekels & D'Souza (1999) | 11 | Kontrolle, Fordern und Fördern, Partizipation, Delegation, Bedürfnisse anderer erkennen und berücksichtigen, Unterstützung anbieten und Konflikte lösen, Bedürfnisse/Interessen anderer berücksichtigen, Informationen offen austauschen, Unterstützung und Hilfe geben, Konflikte lösen |
| **MSCEIT:** Mayer-Salovey-Caruso Test zur Emotionalen Intelligenz | Steinmayer, Schütz, Hertel & Schröder-Abé (2011) | 4 | Emotionswahrnehmung, Emotionsnutzung, Emotionswissen, Emotionsregulation |
| **NEO-FFI und NEO-PI-R:** NEO-Fünf-Faktoren-Inventar und NEO-Persönlichkeitsinventar nach Costa und McCrae, Revidierte Fassung | Borkenau & Ostendorf (2008) bzw. Ostendorf & Angleitner (2004) | 5 | Neurotizismus, Extraversion, Verträglichkeit |

**Tabelle 9:**
Fortsetzung

| Messinstrument | Autoren | Anzahl aller Skalen | Skalen zur Beschreibung sozialer Kompetenzen |
|---|---|---|---|
| **pro facts** | Etzel & Küppers (2000) | 16 | Kooperatives Führungsverhalten, Kontaktfähigkeit, Einfühlungsvermögen, soziale Flexibilität, Kundenorientierung |
| **VVKI:** Verkaufs-Vertriebs-Kompetenz-Inventar | Liepmann & Beauducel (2011) | 8 | soziale Anpassung, soziale Kontrolle, Impression Management |

Beispielhaft sollen zwei Fragebögen zur Messung sozialer Kompetenzen kurz näher vorgestellt werden: Das Inventar sozialer Kompetenzen (ISK; Kanning, 2009a) sowie das Inventar zur Messung sozialer Kompetenzen in Selbst- und Fremdbild (ISK-360°; Kanning, 2014c).

**Inventar sozialer Kompetenzen**

Das ISK (Kanning, 2009a) erfasst 17 soziale Kompetenzen, die sich faktorenanalytisch zu vier Faktoren zweiter Ordnung zusammenfassen lassen (vgl. Tab. 10). Bei den insgesamt 108 Items handelt es sich um Statements, die auf einer vierstufigen Skala (1 = „triff gar nicht zu“ bis 4 = „trifft sehr zu“) bearbeitet werden. Je nach Anwendung mag es sinnvoller sein, die einzelne Primärskalen oder nur die Sekundärskalen anzuschauen. Ist von vornherein klar, dass man sich nur für die Sekundärskalen interessiert, empfiehlt sich der Einsatz der Kurzversion (ISK-K), bei der die Probanden einen Fragebogen mit nur 33 Items bearbeiten. Die Untersuchung der Retest-Reliabilität zeigt, dass mit Hilfe des ISK zeitlich stabile Kompetenzen gemessen werden (vgl. Tab. 10). Die Konstruktvalidität wurde zum einen über Faktorenanalysen, zum anderen über Korrelationen mit mehr als 20 Persönlichkeitsskalen belegt. Zudem spricht für die Konstruktvalidität, dass nur vereinzelt signifikante Zusammenhänge zur Intelligenz gefunden werden konnten, die zudem sehr gering ausfallen (r = .10 bis .15). Studien zur kriterienbezogenen Validität des ISK zeigen signifikante Zusammenhänge zu Arbeitszufriedenheit (r = .22 bis .35), Lebenszufriedenheit (r = .45 bis .52), Lebensqualität (r = .54), Networking (r = .31), politische Fertigkeit (r = .70 bis .72), soziale Integration (r = .38 bis .41), selbst eingeschätzter Arbeitsleistung (r = .28 bis .54) und beruflicher Beanspruchung (r = .21 bis .52), wobei erwartungsgemäß die Höhe der Korrelationen in Abhängigkeit von Berufsfeld und konkreter Kompetenzdimension schwanken (vgl. Kanning, 2009a). Eine Studie von Jansen, Melchers und Kleinmann (2012) konnte zeigen, dass das ISK mit Verhalten im Assessment-Center sowie der Fremdeinschätzung des Leistungsverhaltens im Beruf (Vorgesetztenbeurteilung) korreliert. Zudem zeigte sich eine inkrementelle Validität des ISK gegenüber einem Einstellungsinterview sowie einem Assessment-Center.

**Tabelle 10:**
Struktur, Beispielitems (angegeben ist jeweils das Item mit der höchsten Faktorladung) und Reliabilität des ISK (Kanning, 2009a)

| Sekundär- und Primärfaktoren mit Beispielitems | Items | Retest-Reliabilität |
|---|---|---|
| **Soziale Orientierung** | **32** | **.81** |
| Prosozialität (Auch wenn meine Zeit äußerst knapp bemessen ist, habe ich immer ein offenes Ohr für andere.) | 7 | .85 |
| Perspektivenübernahme (In den meisten Situationen versuche ich, die Welt auch mit den Augen meines Gesprächspartners zu sehen.) | 6 | .82 |
| Wertepluralismus (Ich ärgere mich oft über Leute, weil sie irgendwie anders sind als ich selbst. (–)) | 7 | .82 |
| Kompromissbereitschaft (Bei Meinungsverschiedenheiten versuche ich im Allgemeinen auch der Auffassung der Gegenseite zu ihrem Recht zu verhelfen.) | 6 | .81 |
| Zuhören (Wenn ich mich mit anderen Menschen unterhalte, dann schweifen meine Gedanken oft ab. (–)) | 6 | .83 |
| **Offensivität** | **24** | **.85** |
| Durchsetzungsfähigkeit (Für gewöhnlich bestimme ich, wo es lang gehen soll.) | 7 | .80 |
| Konfliktbereitschaft (Ich liebe es, mit anderen Menschen kontrovers zu diskutieren.) | 5 | .81 |
| Extraversion (Manchmal fällt es mir schwer, Kontakt mit anderen Menschen zu knüpfen. (–)) | 6 | .87 |
| Entscheidungsfreudigkeit (Wichtige Entscheidungen schiebe ich gern vor mir her.) | 6 | .86 |
| **Selbststeuerung** | **27** | **.86** |
| Selbstkontrolle (Oft platzen Ärger oder Freude einfach so aus mir heraus, ohne dass ich viel dagegen tun könnte. (–)) | 6 | .84 |
| Emotionale Stabilität (Es kommt häufiger vor, dass meine Stimmung sich von Tag zu Tag ändert. (–)) | 6 | .85 |

**Tabelle 10:**
Fortsetzung

| Sekundär- und Primärfaktoren mit Beispielitems | Items | Retest-Reliabilität |
|---|---|---|
| Handlungsflexibilität (Es gab in meinem Leben schon viele Situationen, in denen ich nicht mehr weiter wusste. (–)) | 6 | .84 |
| Internalität (Meist bin ich auf die Hilfe anderer Menschen angewiesen, um eigene Interessen verwirklichen zu können.) | 9 | .84 |
| **Reflexibilität** | **25** | **.83** |
| Selbstdarstellung (Ich bemühe mich fast jederzeit, anderen ein positives Bild von mir zu vermitteln.) | 7 | .83 |
| Direkte Selbstaufmerksamkeit (Über meine eigenen Gefühle mache ich mir nur wenig Gedanken. (–)) | 6 | .83 |
| Indirekte Selbstaufmerksamkeit (Fast immer, wenn ich mit anderen Menschen zusammenkomme, versuche ich herauszubekommen, ob mein Verhalten beim Gegenüber so ankommt, wie ich es gemeint habe.) | 6 | .85 |
| Personenwahrnehmung (Im Kontakt mit fremden Menschen bin ich ein viel genauerer Beobachter als die meisten anderen.) | 6 | .83 |

*Anmerkung:* (–) = negativ gepoltes Item

**Selbstbeschreibung**

Das ISK arbeitet ausschließlich mit *Selbstbeschreibungen*, d. h. die Probanden werden gebeten, sich selbst zu charakterisieren. In diesem üblichen Vorgehen liegen zwei potenzielle Probleme. Zum einen könnten die befragten Personen ein mehr oder minder verzerrtes Selbstkonzept haben und ihre eigenen sozialen Kompetenzen daher unwillentlich falsch einschätzen, zum anderen können sie der Versuchung erliegen, sich absichtlich positiver darzustellen. Letzteres geschieht primär, weil man sich hiervon einen Vorteil verspricht. Die Forschung zeigt, dass das Problem der Selbstdarstellung insgesamt betrachtet kleiner ist, als es oftmals in der Praxis eingeschätzt wird. So wird beispielsweise die Validität von Fragebögen zur Selbsteinschätzung durch das Bemühen um positive Selbstdarstellung nicht negativ beeinflusst (Ones & Viswesvaran, 1998). Allerdings kann sich im Rahmen der Personalauswahl die Rangreihe der Bewerber so verändern, dass Personen, die sich besonders stark verzerrt darstellen, einen Vorteil erzielen. Um diesen Effekt abzumildern, empfiehlt sich der Einsatz von Kontrollskalen, mit deren Hilfe sich das Ausmaß der individuellen Selbstdarstellungsbemühungen abschätzen lässt (vgl. Kanning, 2011).

**Fremdbeschreibung**

Standardisierte Fragebögen, mit deren Hilfe sich auch *Fremdbeschreibungen* sozialer Kompetenzen erfassen lassen, sind die große Ausnahme. Zu ihnen zählt das Inventar zur Messung sozialer Kompetenzen in Selbst- und

Fremdbild (ISK-360°; Kanning, 2014c). Wie der Name bereits verrät, basiert das ISK-360° auf dem ISK, erfasst aber nur die vier Sekundärfaktoren Soziale Orientierung, Offensivität, Selbststeuerung und Reflexibilität (vgl. Tab. 11). Das ISK-360° besteht aus zwei Fragebögen mit jeweils 32 Fragen. Fragenbogen A untersucht die Selbstbeschreibung einer Person, Fragebogen B die Fremdbeschreibung derselben Person durch andere Menschen. Während der Selbstbeschreibungsfragebogen nur einmal ausgefüllt wird, kann der Fremdbeschreibungsfragebogen mehrfach ausgefüllt werden. Das primäre Einsatzgebiet des Inventars ist die Personalentwicklung. So könnte man beispielsweise im Rahmen der Führungskräfteentwicklung eine Führungskraft bitten, den Selbstbildfragebogen des ISK-360° auszufüllen. Parallel hierzu nehmen mehrere Menschen, die im Berufsleben zu dieser Person in Kontakt stehen, eine Fremdbeschreibung vor: Vorgesetzte, Kollegen,

**Inventar zur Messung sozialer Kompetenzen in Selbst- und Fremdbild**

**Tabelle 11:**
Struktur, Beispielitems und Reliabilität des ISK-360° (Kanning, 2014c)

| Sekundärfaktoren mit Beispielitems für die Selbst- und Fremdbildversion | Anzahl der Items | Retest-reliabilität |
|---|---|---|
| **Soziale Orientierung** | | |
| Selbstbild: Bei Meinungsverschiedenheiten versuche ich immer auch der Auffassung der Gegenseite zu ihrem Recht zu verhelfen. | 9 | .79 |
| Fremdbild: Bei Meinungsverschiedenheiten versucht X immer auch der Auffassung der Gegenseite zu ihrem Recht zu verhelfen. | 9 | .85 |
| **Offensivität** | | |
| Selbstbild: Ich gehe selbstsicher auf Menschen zu, wenn ich sie kennenlernen möchte. | 8 | .84 |
| Fremdbild: X geht selbstsicher auf Menschen zu, wenn er/sie sie kennenlernen möchte. | 8 | .82 |
| **Selbststeuerung** | | |
| Selbstbild: Es kommt häufiger vor, dass ich meine Stimmung mehrmals am Tag ändere. (–) | 8 | .79 |
| Fremdbild: Es kommt häufiger vor, dass X seine/ihre Stimmung mehrmals am Tag ändert. (–) | 8 | .93 |
| **Reflexibilität** | | |
| Selbstbild: In Gesprächen beobachte ich das Verhalten meiner Gesprächspartner ganz genau. | 7 | .75 |
| Fremdbild: In Gesprächen beobachtet X das Verhalten der Gesprächspartner ganz genau. | 7 | .77 |

*Anmerkung:* (–) = negativ gepoltes Item

Kunden, unterstellte Mitarbeiter (= „360°-Beurteilung“, vgl. Scherm & Sarges, 2002). Die Übereinstimmungen, insbesondere aber die Unterschiede zwischen Selbstbild und Fremdbildern auf der einen Seite und zwischen den unterschiedlichen Fremdbildern auf der anderen Seite, bilden die Grundlage für eine etwaige Weiterentwicklung der sozialen Kompetenzen der im Fokus stehenden Führungskraft. Darüber hinaus ist ein Vergleich der Selbstbeschreibung eines Probanden mit der Selbstbeschreibung von 3 600 Menschen möglich.

Der Vorteil der Verhaltensbeschreibung liegt darin, dass sie in aller Regel weitaus kostengünstiger ist als eine Verhaltensbeobachtung. Die Befragung eines Bewerbers oder Mitarbeiters nach seinem Sozialverhalten in Alltagssituationen ermöglicht überdies eine sehr breit angelegte Informationssammlung. Die meisten relevanten Situationen ließen sich im Rahmen eines Assessment-Centers oder einer Arbeitsprobe kaum realitätsgetreu simulieren. Der zentrale Nachteil liegt hingegen in der leichteren Verfälschbarkeit der Ergebnisse (siehe oben). Ein Bewerber kann sehr viel leichter durch das Ankreuzen einer vorteilhaften Antwort im Fragebogen oder eine geschönte Beschreibung seines Sozialverhaltens im Interview einen positiven Eindruck erwecken, als dass er im Assessment-Center tatsächlich ein besonders kompetentes Verhalten zeigt. Eine vorteilhafte Selbstdarstellung in einer Verhaltensübung setzt voraus, dass der Kandidat nicht nur weiß, was als sozial kompetent gilt, sondern auch über die notwendigen Fähigkeiten und Fertigkeiten zur praktischen Umsetzung dieses Wissens verfügt (Schuler, 2014b).

## 3.4 Messung komplexer Kompetenzindikatoren

Auch bei der vierten Diagnosemethode bedient man sich der Befragung. Dabei geht es allerdings nicht um die Beschreibung eines Verhaltens, sondern um die Sammlung von Fakten, die Rückschlüsse auf die sozialen Kompetenzen eines Menschen ermöglichen. Man könnte z. B. die Meinung vertreten, dass sich Führungsqualitäten einer potenziellen Nachwuchsführungskraft in bisherigen Führungserfahrungen niederschlagen sollten. Wer über entsprechende Kompetenzen verfügt, sollte auch jenseits der Berufswelt immer wieder Führungspositionen angestrebt und ausgefüllt haben. Folgerichtig würde man Bewerber danach fragen, ob sie beispielsweise in der Schule die Rolle des Klassensprechers übernommen oder später Jugendgruppen geleitet haben. Als Indikatoren für Teamfähigkeit könnte das Engagement in Kirchen, Vereinen oder studentischen Organisationen gelten. In beiden Fällen würde man die Bewerber also nach Fakten aus ihrer Biographie fragen und hieraus Rückschlüsse auf verborgene Kompetenzen ziehen. Erneut lassen sich nur dann verallgemeinernde Aussagen treffen, wenn mehr als ein Indikator vorliegt (vgl. Abb. 19). Die fraglichen Informationen kann man z. T. aus den Bewerbungsunterlagen bzw. dem Lebenslauf entnehmen.

Allerdings muss an dieser Stelle vor einer unreflektierten Interpretation Biographischer Daten gewarnt werden. Es gehört gewissermaßen zur „Personalauswahlfolklore“, Hobbys, soziales Engagement, Lücken im Lebenslauf, Führungserfahrung u. Ä. eins zu eins als Hinweis auf bestimmte Persönlichkeitsmerkmale zu interpretieren. Demnach erwartet man z. B., dass führungserfahrene Bewerber ausgeprägte Führungskompetenzen besitzen oder Mannschaftsportler über besondere soziale Kompetenzen verfügen. Ein Blick in die Forschung würde hier schnell für Ernüchterung sorgen. Viele dieser Annahmen mögen zwar eine gewisse Plausibilität und Tradition für sich in Anspruch nehmen, empirische Belege fehlen jedoch meistens. Mehr noch, bisweilen sprechen die vorliegenden Befunde sogar gegen die üblichen Deutungen. So konnten z. B. Kanning und Kappelhoff (2012) nicht belegen, dass Mannschaftssportler sich signifikant in ihren sozialen Kompetenzen von Individual- oder Nichtsportlern unterscheiden. Kanning und Fricke (2013) fanden zwischen erfahrenen Führungskräften und Personen, die Führungspositionen erst noch anstreben, keine Hinweise auf überragende Kompetenzen der führungserfahrenen Personen. Und auch ehrenamtliches Engagement scheint nur bedingt für höhere soziale Kompetenz in spezifischen Kompetenzbereichen zu sprechen (Kanning & Woike, 2015). Darüber hinaus ist zu bedenken, dass die umfangreiche Ratgeberliteratur für Bewerber zu einer stark verfälschten Darstellung entsprechender biographischer Fakten beiträgt (Kanning, 2015). Alles in allem ist es daher sinnvoller, valide biographische Informationen bei allen Bewerbern, die in die nähere Auswahl kommen, gezielt einzuholen. Die Methode der Wahl ist in diesem Falle der *biographische Fragebogen*, allerdings könnte man die interessierenden Daten auch während eines Interviews erheben. Biographische Fragebögen existieren nicht als standardisierte Instrumente im Handel, sondern werden immer für einen spezifischen Anwendungskontext neu entwickelt (Schuler, 2014c).

**Biographischer Fragebogen**

Steht nicht die Personalauswahl, sondern die Personalentwicklung im Vordergrund, so lassen sich auch *soziometrische Verfahren* zur indirekten Messung sozialer Kompetenzen einsetzen. Bei soziometrischen Verfahren fragt man im weitesten Sinne danach, wie stark einzelne Mitarbeiter in eine Arbeitsgruppe integriert sind. Einzelne Kompetenzen treten dabei allerdings völlig in den Hintergrund. Eine gute Integration gilt vielmehr als ein allgemeiner Indikator für das Vorhandensein sozialer Kompetenzen insgesamt. Im personaldiagnostischen Kontext bietet beispielsweise das Verfahren „Szenische Medien“ (Geißler, 1995) die Möglichkeit zur soziometrischen Analyse. Ziel des Verfahrens ist allerdings nicht die Einzelfalldiagnostik. In Seminaren mit Arbeitsgruppen werden die Mitarbeiter aufgefordert, die Kommunikationsstrukturen und persönliche oder berufliche Beziehungen der Gruppenmitglieder untereinander durch die Gruppierung von Holzpüppchen nachzustellen. Anschließend nutzt man die gewonnenen Informationen, um aufgedeckte Probleme in der Teamarbeit gemeinsam zu lösen.

**Soziometrische Verfahren**

Die Möglichkeiten zur indirekten Messung sozialer Kompetenzen über Indikatoren sind alles in allem betrachtet sehr eingeschränkt. Zu einer vertretbaren Diagnose konkret benennbarer Kompetenzen taugen sie weniger gut als die zuvor diskutierten Verfahren. Sie liefern bestenfalls einen undifferenzierten Eindruck von den Kompetenzen eines Menschen. Dennoch können insbesondere biographische Fragebögen durchaus valide Ergebnisse zur Prognose beruflicher Leistung liefern (vgl. Schuler, 2014c).

## 3.5 Fazit

Die Forschung stellt eine große Anzahl höchst unterschiedlicher Methoden zur Verfügung, mit deren Hilfe sich soziale Kompetenzen diagnostizieren lassen. Jede Methode hat ihre Vor- und Nachteile, so dass nicht für alle denkbaren Fragestellungen ein und dasselbe Vorgehen empfohlen werden kann.

**Verschiedene Instrumente kombinieren**

Im konkreten Anwendungsfall empfiehlt sich die *Kombination verschiedener Instrumente*, sodass sich die Nachteile der einzelnen Verfahren zumindest teilweise wechselseitig kompensieren. In der Tat führt eine Kombination mehrerer Verfahren meist zu einer Validitätssteigerung (Schuler, 2014b). Ein solchermaßen multimethodaler Ansatz ermöglicht überdies die Einnahme unterschiedlicher Perspektiven und gewährleistet somit einen differenzierteren Blick auf das Individuum.

Dabei sollte man bei der Auswahl und Konstruktion der Messinstrumente auf den *Anforderungsbezug* achten. Das eingesetzte Instrumentarium muss der Tatsache Rechnung tragen, dass „sozial kompetentes Verhalten" je nach Unternehmen und Arbeitsplatz graduell etwas anderes bedeutet. Ein allgemeiner Fragebogen oder Leistungstest zur Erfassung sozialer Kompetenzen kann z. B. als Screeninginstrument zur Vorauswahl von Bewerbern oder als Ergänzung zum strukturierten Einstellungsinterview nützliche Dienste leisten. Darüber hinaus empfiehlt sich jedoch die Entwicklung maßgeschneiderter Interviews, Arbeitsproben und Assessment-Center, in denen sich die spezifischen Anforderungen der zu besetzenden Stelle widerspiegeln.

# 4 Förderung sozialer Kompetenzen im Beruf

Personal-entwicklung

Möchte man im eigenen Unternehmen ein sozial kompetentes Verhalten der Organisationsmitglieder gegenüber Vorgesetzten, Kollegen, Mitarbeitern oder Kunden sicherstellen, so kommt der *Personalentwicklung* eine zentrale Bedeutung zu. Die Personalentwicklung hat allgemein die Aufgabe, die Mitarbeiter in ihrem Wissen, ihren Fähigkeiten und Fertigkeiten beständig so zu schulen, dass sie den sich ggf. wandelnden Anforderungen des Arbeitsplatzes stets gewachsen sind.

Der Ausgangspunkt derartiger Bemühungen kann von sehr unterschiedlicher Natur sein (vgl. Abb. 21). Oftmals finden sich auf dem Arbeitsmarkt keine hinreichend qualifizierten Bewerber. Um die offenen Stellen überhaupt besetzen zu können, muss man daher zunächst minder qualifizierte Personen einstellen, die anschließend im eigenen Unternehmen durch Schulungsmaßnahmen weitergebildet werden. Ein zweiter Grund liegt in der Veränderung der Anforderungen eines Arbeitsplatzes. Steigt beispielsweise ein Einzelhandelskaufmann zum Filialleiter auf, so verändern sich die Anforderungen für ihn schlagartig. Aber selbst wenn die Position innerhalb des Unternehmens beibehalten wird, verändern sich nicht selten im Laufe der Jahre die Anforderungen gewissermaßen von allein. Man denke hier nur einmal an das gestiegene Anspruchsverhalten von Kunden gegenüber Dienstleistungsunternehmen. Gerade im Bereich des Öffentlichen Dienstes entsteht hierdurch ein sehr großer Weiterbildungsbedarf. Ein dritter Grund für

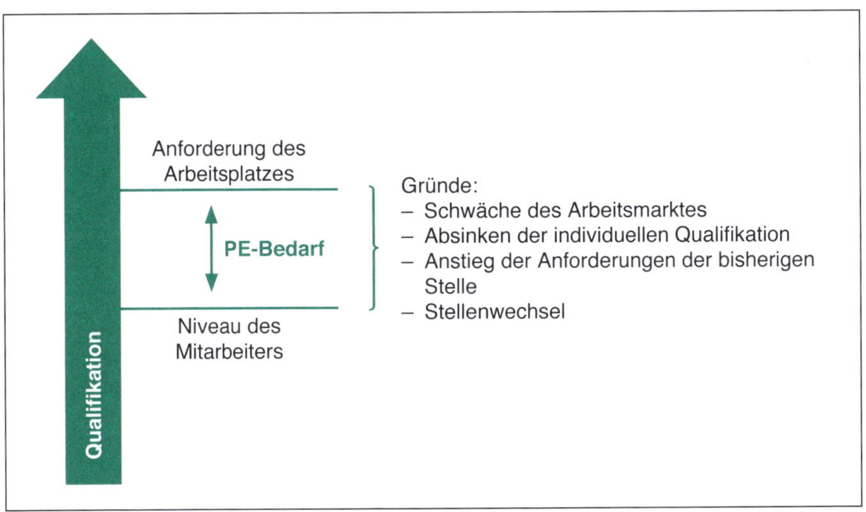


**Abbildung 21:**
Gründe für den Einsatz von Personalentwicklungs-(PE-)Maßnahmen
(Kanning, 2014a, S. 505)

den Einsatz von Instrumenten der Personalentwicklung ergibt sich, wenn die Mitarbeiter an sich zwar hinreichend qualifiziert sind, ihre Kompetenzen aber nicht tatsächlich zum Einsatz bringen. So mag sich beispielsweise in einem Krankenhaus oder in einem Kaufhaus mit der Zeit ein unfreundlicher Umgang mit den Kunden eingeschlichen haben. In diesem Fall ist eine Schulung des Personals notwendig.

## 4.1 Prozess der Personalentwicklung

In der Praxis werden Maßnahmen zur Personalentwicklung (PE) oftmals „aus dem Bauch heraus" initiiert. Die Personalverantwortlichen erfahren von einer neuen Methode und möchten sie gern auch einmal im eigenen Unternehmen ausprobieren. Oder aber sie gehen per Augenschein davon aus, dass bestimmte Personengruppen im Unternehmen ganz grundsätzlich von einem Kommunikationstraining oder einer Teambuilding-Maßnahme profitieren könnten. Nach Durchführung der Maßnahmen gibt man sich dann damit zufrieden, dass die Teilnehmer von positiven Erfahrungen berichten, und legt das Thema ad acta. Ein solches Vorgehen ist in vielerlei Hinsicht nicht zu empfehlen:

- Bei reiner Plausibilitätsbetrachtung wird so mancher Entwicklungsbedarf als solcher nicht erkannt oder falsch eingeschätzt.
- Die Maßnahmen können nicht auf den individuellen Bedarf zugeschnitten werden. Dies fällt insbesondere bei Gruppentrainings auf, bei denen gleichzeitig manche Teilnehmer unter- und andere überfordert sind.
- Die Auswahl der Methoden passt nicht zum Bedarf. Es kommen Methoden zum Einsatz, die nicht halten, was ihre Anbieter vollmundig versprechen. Beispielsweise ist es in höchstem Maße fragwürdig, dass man in einem Outdoor-Training lernt, Konflikte im Arbeitsalltag zu meistern.
- Aufgrund des Fehlens einer aussagekräftigen Evaluation werden die Schwächen der eingesetzten Methode nicht erkannt.
- Die eingesetzten Verfahren werden nicht durch flankierende Maßnahmen am Arbeitsplatz unterstützt, so dass etwaige Lernerfolge nach kurzer Zeit ohne jeden praktisch nützlichen Effekt verpuffen.

In Deutschland werden pro Jahr allein in der Wirtschaft mehr als 27 Mrd. Euro für PE-Maßnahmen aufgewendet (Lenske & Werner, 2009). Folgt man kritischen Einschätzungen (vgl. Machin, 2002), so dürften bis zu 90 % dieser Gelder Fehlinvestitionen darstellen. Will man im eigenen Unternehmen verhindern, dass die meisten PE-Maßnahmen ohne Wirkung bleiben, empfiehlt sich ein sehr sorgfältiges Vorgehen (vgl. Abb. 22).

**Bedarfsanalyse**

Am Anfang steht zunächst eine Bedarfsanalyse. Mit Hilfe der *Bedarfsanalyse* wird festgestellt, inwieweit überhaupt eine Schulung oder Ähnliches vonnöten ist, welche Mitarbeiter ggf. betroffen sind und welche Inhalte vermittelt werden sollten. Dabei geht es nicht nur um den unmittelbaren Bedarf bezogen auf die derzeitigen Anforderungen einer Stelle, sondern auch um Anforderungen, die in Kürze – z. B. bedingt durch einen bevorstehende Stellenwechsel – auf die Mitarbeiter zukommen können. Bei der Feststellung des Entwicklungsbedarfs bedient man sich unterschiedlicher Quellen und Methoden (vgl. Kanning, 2014a; Ryschka, Solga & Mattenklott, 2011). Hierzu zählen wirtschaftliche Kenngrößen (Produktivität, Krankenstand, Fluktuation etc.), die erste Hinweise auf Missstände geben. Mitarbeiter- und Kundenbefragungen liefern weitere Informationen. Die Befragungen beziehen sich entweder ganz allgemein auf die Zufriedenheit oder erheben Einschätzungen zum konkreten Weiterbildungsbedarf einzelner Personen oder Teams. So könnte man z. B. die Mitarbeiter fragen, in welchen Bereichen sie sich selbst eine PE-Maßnahme wünschen. Die Wünsche der Kunden und Mitarbeiter allein greifen allerdings zu kurz. Manche Mitarbeiter erkennen ihren eigenen Entwicklungsbedarf nicht, andere scheuen Weiterbildungsmaßnahmen und machen daher falsche Angaben. Will man der Sache auf den Grund gehen, so empfiehlt sich eine aufwendige Potenzialanalyse in Form eines Assessment-Centers (vgl. Schuler, 2007). Dies hat den Vorteil, dass man ganz gezielt auch die Anforderungen zukünftiger Arbeitsplätze, auf denen die Mitarbeiter eingesetzt werden könnten, in den Blick nehmen kann. Weitere Datenquellen stellen regelmäßige Leistungsbeurteilungen durch den direkten Vorgesetzten oder eine komplexer angelegte 360°-Beurteilung dar (vgl. Kanning, 2014c; Scherm & Sarges, 2002). Speziell bezogen auf soziale Kompetenzen kann man sich bei der Bestim-

**Prozess der Personalentwicklung**

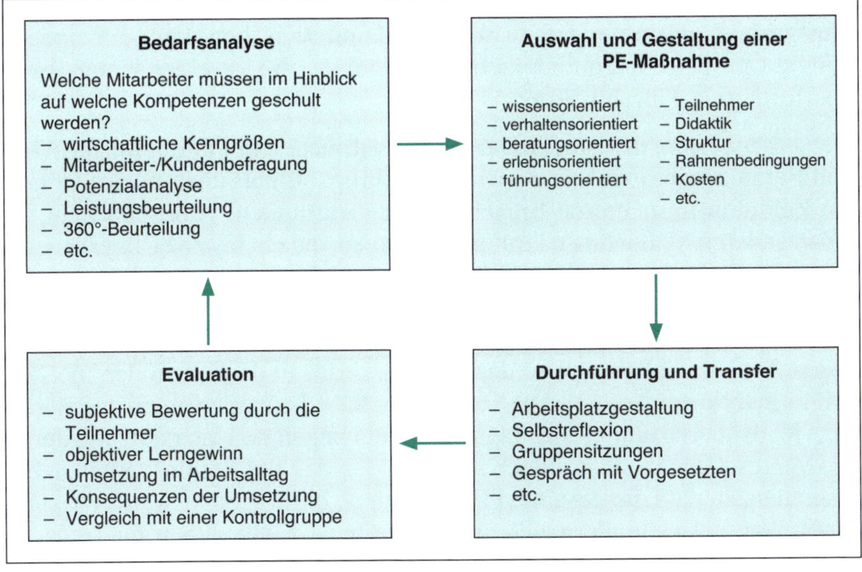


**Abbildung 22:**
Prozess der Personalentwicklung

mung des PE-Bedarfs der in Kapitel 3 beschriebenen diagnostischen Methoden bedienen.

**Auswahl und Gestaltung einer PE-Maßnahme**

Ist bekannt, welche Inhalte die Personalentwicklung vermitteln soll, geht es in einem zweiten Schritt um die *Auswahl und Gestaltung* der PE-Maßnahmen. In dieser Phase des Prozesses sind viele Fragen zu beantworten. Die wichtigste richtet sich auf die Wahl der Methoden. Zu unterscheiden sind Verfahren, bei denen die Vermittlung von Wissen im Vordergrund steht, das konkrete Verhalten der Mitarbeiter durch Trainings verändert werden soll, eine Beratung der Betroffenen stattfindet, man die Teilnehmer in ungewöhnliche, erlebnisreiche Situationen bringt oder am Verhalten der vorgesetzten Führungskraft ansetzt (vgl. Abschnitt 4.3; Kanning, 2007, 2014a). Darüber hinaus ist vor dem Hintergrund der entstehenden Kosten zu entscheiden, wo die Maßnahme durchgeführt und wie sie zeitlich aufgebaut werden soll. Schulungen in den firmeneigenen Räumlichkeiten sind zwar kostengünstiger, bergen aber die Gefahr, dass die Teilnehmer in den Pausen schnell mal eben alltägliche Arbeitsaufgaben erfüllen. Ein- oder zweitägige Trainings en bloc sind kostengünstiger als solche, bei denen man sich verteilt über einen längeren Zeitraum mehrfach für einen halben Tag trifft. Letztere bieten jedoch die Möglichkeit, zwischenzeitlich die Lerninhalte im Berufsalltag einzusetzen und mögliche Umsetzungsschwierigkeiten in den nachfolgenden Sitzungen aufzufangen. Im Bereich der Didaktik wäre z. B. zu entscheiden, ob man in Rollenspielen konkretes Verhalten mit Videofeedback einübt oder sich auf Reflexionen des eigenen Verhaltens beschränkt. Ersteres ist nützlicher, fordert die Teilnehmer aber weitaus mehr. Zudem muss entscheiden werden, welche Mitarbeiter ggf. in einer Trainingsgruppe zusammengefasst werden, damit zwischen den Teilnehmern keine zu großen Niveauunterschiede bestehen, die zu einer Unter- bzw. Überforderung führen würden.

**Durchführung einer PE-Maßnahme**

Die *Durchführung der Maßnahme* ist eng verbunden mit ihrem Inhalt. Während Beratungsansätze, wie etwa das Coaching, oftmals über einen sehr langen Zeitraum in mehreren Einzelsitzungen stattfinden, bevorzugt man bei vielen anderen Maßnahmen Gruppensitzungen, die ein bis zwei Tage dauern. Nach der Durchführung ist der Personalentwicklungsprozess jedoch noch nicht beendet. Das Wichtigste steht eigentlich noch bevor – der *Transfer*. In der Transferphase geht es darum, die Lerninhalte in den Berufsalltag zu übertragen. Dies ist üblicherweise der Prozessschritt, in dem es zu den meisten Reibungsverlusten kommt. Die Teilnehmer haben zuvor zwar etwas gelernt, die Arbeitsüberlastung des Alltags oder die mangelnde Unterstützung durch ihre Vorgesetzten lässt sie jedoch schon bald in das alte Routineverhalten zurückfallen, so dass die gesamte PE-Maßnahme ohne nennenswerte Wirkung bleibt. Wer dies verhindern will, muss begleitende Maßnahmen zur Transfersicherung ergreifen. Hierzu zählt z. B. eine vorübergehende Umgestaltung von Arbeitsprozessen. Kommt ein Mitarbeiter aus einer Trainingsmaßnahme, in der z. B. vermittelt wurde, wie er erfolgreich mit schwierigen Kunden um-

**Transfer**

geht, so benötigt er in den folgenden Tagen und Wochen sicherlich mehr Zeit für die Kundenbetreuung, um die neu erworbenen Fertigkeiten allmählich in Verhaltensroutinen umwandeln zu können. Aus diesem Grunde sollte er erst einmal mit weniger Kundengesprächen belastet werden. Zudem empfiehlt es sich, die Selbstreflexion der betroffenen Mitarbeiter anzuregen. Dies kann etwa in Form eines strukturierten Tagebuches geschehen, mit dessen Hilfe die Person am Ende eines Tages oder einer Woche ihr Verhalten kritisch unter die Lupe nimmt, nach Gründen für etwaige Defizite sucht und Verhaltensziele für den nächsten Tag bzw. die nächste Woche formuliert (Grüterich, Kanning & Traphan, 2006). Eine ähnliche Funktion können regelmäßige Gespräche mit dem direkten Vorgesetzten oder die Praxisphase begleitende Sitzungen mit den Teilnehmern der PE-Maßnahme erfüllen.

**Evaluation einer PE-Maßnahme**

In jedem Fall sollte sich an die Durchführung der Maßnahme eine *Evaluation* anschließen. Nur so kann ermittelt werden, ob die Investition sinnvoll war, welche Elemente der Maßnahme besonders effektiv oder vielleicht auch überflüssig waren und welche Defizite bei den Mitarbeitern weiterhin bestehen. Dem sehr weit verbreiteten Evaluationsmodell von Kirkpatrick (1960; Arthur, Bennett, Edens & Bell, 2003) folgend, müsste man bei einer umfassenden Evaluation vier Fragen empirisch beantworten: (1) Wie schätzen die Trainingsteilnehmer die Maßnahme subjektiv ein? (2) Lassen sich unmittelbar nach dem Training objektive Lerneffekte belegen? (3) Werden die gelernten Inhalte in den Berufsalltag transferiert? (4) Führt der Transfer dieser Inhalte zu einem größeren wirtschaftlichen Erfolg? Idealerweise würde man die Gruppe der Mitarbeiter, die eine PE-Maßnahme durchlaufen haben, mit einer ähnlich strukturierten Kontrollgruppe, die bislang nicht geschult wurde, vergleichen, um das Ausmaß des Effekts bestimmen zu können. In keinem Falle reicht es aus, die Teilnehmer lediglich nach ihrem subjektiven Empfinden zu fragen, da die Zufriedenheit der Teilnehmer zu Null mit den tatsächlichen Lernerfolgen korreliert (Alliger, Tannenbaum, Bennett, Traver & Shotland, 1997). Man kann sehr zufrieden mit einem Training sein, weil der Trainer sympathisch war, nicht zu viel verlangt hat oder das Catering die Erwartungen übertraf. Manche Teilnehmer sind vielleicht sogar zufrieden, weil sie nichts Neues lernen mussten. Über die Evaluation schließt sich der Kreis der Personalentwicklung, denn ihre Ergebnisse bilden die Grundlage der Bedarfsanalyse für einen sich ggf. anschließenden zweiten Zyklus der Weiterbildung (vgl. Abb. 22).

## 4.2 Inhalte

PE-Maßnahmen zur Verbesserung des sozial kompetenten Verhaltens sind sehr weit verbreitet (Kanning, 2007, 2014a) und können an verschiedenen Punkten ansetzen, die wir bereits als Ursachen für suboptimales Verhalten identifiziert haben (vgl. Abb. 23).

**Wissen**

Oft sind die Ursachen für unbefriedigendes Sozialverhalten auf Defizite im *Wissen* der Akteure zurückzuführen. Das sozial relevante Wissen bezieht sich dabei auf Werte, Rollendefinitionen und Verhaltensnormen. Verdeutlichen wir uns dies am Beispiel eines Dienstleistungsunternehmens aus der Finanzbranche. Ein Kundenberater kann sich nur dann sozial kompetent verhalten, wenn er die Werte des Unternehmens internalisiert hat. So mag es in einem bestimmten Kreditinstitut z. B. besonders wichtig sein, dass man auch Studenten, Rentner und Kleinanleger betont freundlich und zuvorkommend bedient. In diesem Unternehmen ist ohne Ansehen der wirtschaftlichen Kraft eines Kunden ein sensibleres Verhalten gewünscht als bei einem konkurrierenden Finanzdienstleister, der sich ausschließlich für Geschäftskunden interessiert und die Kleinkunden am liebsten abstoßen würde. In beiden Unternehmen kann die Rollendefinition des Kundenberaters durchaus unterschiedlich ausfallen. Das Unternehmen muss für sich klären, ob der Kundenberater im wahrsten Sinne des Wortes den Kunden zu dessen Vorteil berät oder in erster Linie als Verkäufer auftritt und somit vor allem die Interessen der Bank vertritt. Letzteres mag kurzfristig zu besseren Umsätzen führen, dürfte aber nur für sehr informierte Kunden, die sich selbst unabhängig vom Berater eine Meinung bilden können, von Vorteil sein. Vor dem Hintergrund von Werten und Rollendefinitionen werden in jeder Bank viele Verhaltensnormen existieren, die den Umgang mit dem Kunden im Einzelnen regeln. Auch hierin unterscheiden sich die Anbieter der gleichen Branche. Werden z. B. Anlagegespräche unter 5.000 Euro bereits in einem gesonderten Raum oder noch am Schalter geführt? Lässt sich der Berater während eines Gespräches mit dem Kunden vom Telefon stören oder wird das Telefon zuvor ausgeschaltet? Antwortet man am Schalter auf solche Fragen, die sich der Kunde eigentlich selbstständig durch das Lesen einer Informationsbroschüre beantworten könnte? Achtet man immer auch auf eine explizit freundliche Begrüßung und Verabschiedung der Kunden? Wie geht man mit schwierigen, ggf. aufbrausenden Kunden um? All dies sind Beispiele für Situationen, die in einem Unternehmen durch unterschiedliche Verhaltensnormen für alle Mitarbeiter verbindlich geregelt werden können. Eine Vermittlung des sozial relevanten Wissens (Werte, Rollen und Normen) lässt sich im Rahmen von Trainings recht leicht bewerkstelligen. Sie können z. B. durch den Trainer in Form einer Präsentation vermittelt oder in einem Workshop gemeinsam mit den Mitarbeitern erarbeitet werden. Notwendig sind derartige Schulungen vor allem für neue Mitarbeiter nach Fusionen, die mit Veränderungen der Unternehmenswerte einhergehen oder wenn die Alltagsroutine die Mitarbeiter allzu nachlässig werden lässt.

**Wahrnehmung und Reflexion**

Sozial kompetentes Verhalten setzt eine differenzierte *Wahrnehmung* sowie ein gewisses Maß an *Reflexion* voraus. Beides bezieht sich sowohl auf das eigene Verhalten, das Verhalten des Gegenübers als auch auf die wechselseitige Beeinflussung der beiden Parteien im Verlauf der Interaktion. So muss

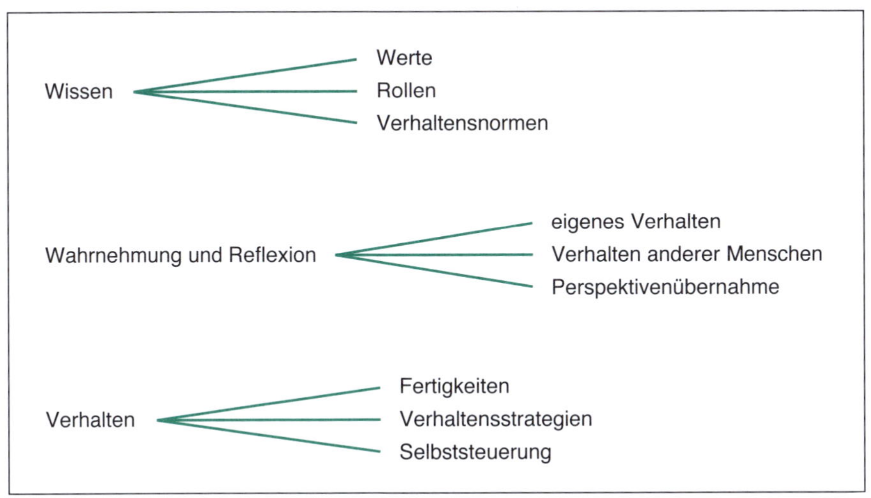


**Abbildung 23:**
Ansatzpunkte zur Verbesserung sozial kompetenten Verhaltens

der Kundenberater in unserem Beispiel erkennen, wann ein Kunde offen ist für eine weitergehende Beratung oder ein solches Gespräch eher als Belästigung empfinden würde. Er sollte erkennen können, welches Sprachniveau angemessen ist, so dass er den Kunden einerseits nicht überfordert, ihm aber andererseits nicht das Gefühl gibt, nicht ernst genommen zu werden. Doch nicht nur in der Form, sondern auch im Inhalt muss er sich auf den Kunden einstellen. In beiden Fällen ist die Fähigkeit zur Perspektivenübernahme gefragt. Keiner Seite ist damit gedient, wenn der Berater dem Kunden lukrative Anlageoptionen unterbreitet, der Kunde aber z. B. nicht die hierzu notwendige Risikobereitschaft mitbringt. Der Berater muss stets sein eigenes Verhalten sowie die Reaktionen des Kunden im Blick haben. Hierdurch können Missverständnisse schon früh erkannt und Konfliktsituationen bereits im Keim erstickt werden. Fähigkeiten und Fertigkeiten auf den Gebieten der Wahrnehmung und Reflexion setzen mehr als nur eine kognitive Auseinandersetzung mit der Materie voraus. Ein bloßer Vortrag über entsprechende Kompetenzen, der im Rahmen einer PE-Maßnahme gehalten wird, dürfte nur dann Effekte nach sich ziehen, wenn die entsprechenden Kompetenzen bereits vorliegen.

**Verhalten**

Der dritte Inhaltsbereich bezieht sich auf das sichtbare *Verhalten* des Handelnden. Dabei geht es meist um Fertigkeiten, also sehr konkrete Verhaltensäußerungen. Im Falle des Kreditinstituts dürfte es z. B. für Auszubildende besonders wichtig sein, bestimmte Höflichkeitsrituale im Umgang mit dem Kunden einzuüben. Hierzu gehört die freundliche Begrüßung mit Augenkontakt, Lächeln und ggf. der Handschlag ebenso wie das Anbieten eines Sitzplatzes, eine zugewandte Körperhaltung im Beratungsgespräch oder bestimmte Verabschiedungsformeln. Fertigkeiten sind oftmals eingebettet in eine komplexere Verhaltensstrategie. So könnte der Mitarbeiter z. B. mehrere Strategien lernen, mit denen man einem erregten Kunden begegnet. Derartige Strategien müssten zielgerichtet – etwa in Abhängigkeit vom Erregungsniveau des Kunden und dem sachlichen Inhalt seiner Beschwerde – ausgewählt und umgesetzt werden, wobei jede Strategie auf mehrere Fertigkeiten zurückgreift. In jedem Falle wird es ratsam sein, den Kunden zunächst einmal ausreden zu lassen. Durch Augenkontakt und Zunicken sollte der Kundeberater Aufmerksamkeit dokumentieren. In Abhängigkeit vom Inhalt der Beschwerde wären dann unterschiedliche Wege zu beschreiten. Während es im Fall A vielleicht ratsam ist, sich sogleich beim Kunden zu entschuldigen, wird man im Fall B vorsichtig auf die vom Kunden selbst verschuldeten Fehler hinweisen und im Fall C dem Kunden einen Sitzplatz anbieten, bevor man den Filialleiter hinzuzieht. Im Zuge der PE-Maßnahme muss der Mitarbeiter mithin lernen, in welcher Situation welche Verhaltensstrategie zielführend ist und wie man sie konkret in die Tat umsetzt. Gerade am Beispiel des Umgangs mit einem aufgebrachten Kunden wird deutlich, wie wichtig dabei die Selbststeuerung des Mitarbeiters ist. Im Gegensatz zu vielen Alltagssituationen muss der Kundenberater sein Verhalten bewusst planen, die Umsetzung der Strategie kontrollieren und den gesamten Prozess reflektiert begleiten, damit er, falls sich die Situation grundlegend ändert, eine bestimmte Strategie nicht erfolgreich ist oder einzelne Fertigkeiten nicht adäquat in Handlung umgesetzt werden konnten, sofort gegensteuern kann. Er muss sein eigenes Verhalten also gewissermaßen „im Griff“ haben, Ablenkungen unterbinden und darf sich nicht zu sehr von seiner aktuellen Stimmungslage oder Provokationen seines Gegenübers vom rechten Pfad abbringen lassen. Steht der Verhaltensaspekt sozialer Kompetenzen im Vordergrund der PE-Maßnahme, so ist ein Training, in dem die Lerninhalte praktisch abgewendet und durch Wiederholung automatisiert werden können, ohne Zweifel die Methode der Wahl.

## 4.3 Methoden

Zur Veränderung des Sozialverhaltens stehen im Prinzip alle Methoden zur Verfügung, die in der Personalentwicklung eingesetzt werden. Die Methoden sind ebenso zahlreich wie vielgestaltig (vgl. Kanning, 2007, 2014a; Ryschka et al., 2011). Zur besseren Übersicht teilen wir die Methoden in fünf Gruppen (vgl. Abb. 24) ein, wobei wir es in der Praxis meist mit einer Kombination verschiedener Vorgehensweisen zu tun haben.

**Wissensorientierte Methoden**

Bei *wissensorientierten Methoden* steht die Vermittlung von Kenntnissen im Zentrum der Bemühungen. Dies wird in den meisten Fällen in Form eines Vortrags geschehen, es kann aber z. B. auch eine Lernsoftware zum Einsatz kommen. Da es wohl kaum eine PE-Maßnahme gibt, bei der nicht

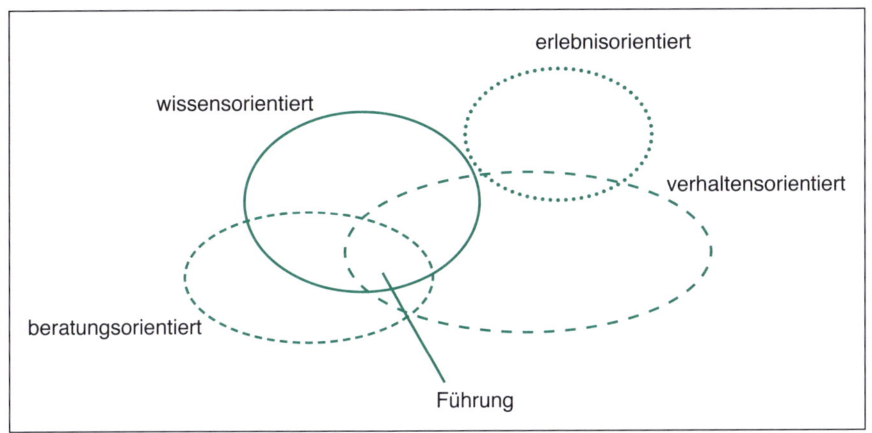


**Abbildung 24:**
Methoden der Personalentwicklung im Überblick

auch u. a. Wissen vermittelt werden soll, überschneidet sich dieser Ansatz mit allen übrigen.

Mit Hilfe *verhaltensorientierter Methoden* möchte man direkt auf das sichtbare Verhalten der Trainingsteilnehmer Einfluss nehmen. Es geht darum, neue Fertigkeiten aufzubauen und ungünstige Verhaltensroutinen zu verändern. Ohne die Vermittlung von Wissen geht dies nicht. Gleichzeitig übernimmt der Trainer eine beratende Funktion, indem er den Teilnehmern Feedback über deren Verhalten und Anregungen zur Optimierung desselben gibt.

**Verhaltensorientierte Methoden**

*Beratungsorientierte Methoden* stellen wiederum den zuletzt genannten Aspekt in den Vordergrund. Meist handelt es sich um dyadische Settings, in denen sich ein Coach über mehrere Sitzungen mit einem „Coachee" trifft, um diesen bei der Bewältigung beruflicher Aufgaben beratend zu unterstützen. Auch dies ist ohne die Vermittlung von Wissen kaum denkbar. Zudem kann man in den Sitzungen Verhaltensübungen integrieren, in denen Verhaltensroutinen hinterfragt und neue Alternativen aufzeigt werden.

**Beratungsorientierte Methoden**

*Erlebnisorientierte Methoden* unterscheiden sich in starkem Maße von den zuvor skizzierten Ansätzen. Sie basieren auf der Annahme, dass Menschen ihr Denken und Handeln (im Berufsalltag) verändern, wenn man sie mit außergewöhnlichen Situationen wie z. B. dem Bau eines Floßes oder dem Besteigen eines Berges konfrontiert. Wissenschaftlich fundiertes Wissen wird bei solchen Veranstaltungen nicht vermittelt, eher Überzeugungen oder Glaubenssätze. Dabei wird oftmals durchaus das Sozialverhalten der Teilnehmer reflektiert, es geht jedoch nicht um das Einüben konkreter Fertigkeiten, die sich später eins zu eins in den Berufsalltag transferieren ließen. Auch versteht der Trainer sich nicht als ein Berater, der Situationen

**Erlebnisorientierte Methoden**

des Berufsalltags analysiert und konkrete Vorschläge zur Verhaltensänderung unterbreitet. Alles spielt sich auf einer viel abstrakteren, metaphorischen Ebene ab.

**Führungsverhalten**

Zu guter Letzt zählt auch das *Führungsverhalten* der Vorgesetzten zu den Methoden der Personalentwicklung, auch wenn dies in der Praxis sicherlich nicht auf die meisten Führungskräfte zutrifft. Durch die Übertragung zunehmend schwieriger Arbeitsaufgaben, das tägliche Feedback, die jährliche Leistungsbeurteilung sowie die Belohnung gewünschter Verhaltensweisen kann die Führungskraft das Sozialverhalten ihrer Mitarbeiter vorteilhaft beeinflussen. Der Ansatz weist die stärksten Überschneidungen mit dem beratungs- sowie dem verhaltensorientierten Vorgehen auf. Je nach Qualifikation der Führungskraft wird dabei auch in mehr oder weniger starkem Ausmaß Wissen über soziale Prozesse vermittelt.

### 4.3.1 Wissensorientierte Methoden

Wissensorientierte Methoden versorgen die Teilnehmer mit grundlegendem Know-how, das für die Steuerung des Sozialverhaltens im beruflichen Kontext unentbehrlich ist. Je nach Arbeitskontext können dies z.B. Informationen über Sitten und Gebräuche in fremden Kulturen, spezifische Werte des Unternehmens oder die Psychologie sozialer Konflikte sein. Dabei bedient man sich vor allem der klassischen Lehrtechnik des Vortrags. Der so gern gescholtene Frontalunterricht zur Vermittlung von Wissen ist übrigens effektiver als sein Ruf. Eine Metaanalyse von Burke und Day (1986) konnte zeigen, dass Wissen, welches in Form von Vorträgen vermittelt wird, durchaus auch zu Verhaltensänderungen im Berufsalltag und positiven Folgen im beruflichen Kontext führen kann (korrigiertes $d = .41$ bzw. .64). Dies setzt aber voraus, dass die Betroffenen über die nötigen Fertigkeiten zur praktischen Umsetzung verfügen. Jemand, der im Prinzip keine Schwierigkeiten mit der Reflexion und Steuerung seines eigenen Sozialverhaltens hat, wird ohne Weiteres von einem Vortrag zur Vermittlung interkultureller Verhaltensstandards profitieren können und sein Verhalten dementsprechend beim erstmaligen Zusammentreffen mit Geschäftspartnern aus der Mongolei anpassen. Ein Mitarbeiter, der schon im alltäglichen Umgang mit Kollegen aus seinem eigenen Kulturkreis immer wieder aneckt, dürfte damit bei Weitem überfordert sein. Die reine Wissensvermittlung reicht in diesem Fall nicht aus.

**Frontalunterricht**

Bei der Wissensvermittlung wird man sich so gut wie nie allein auf einen Frontalvortrag beschränken, sondern zusätzlich Diskussionsrunden abhalten, mittels der Metaplantechnik Ideen aus der Teilnehmergruppe strukturieren oder Kleingruppenübungen durchführen. Ziel dieser Techniken ist eine vertiefende Auseinandersetzung mit den Lerninhalten. Dies wiederum soll zu einem besseren Verständnis, einer geringeren Vergessensquote sowie einer höheren Bereitschaft zur Anwendung der Inhalte in der Praxis führen.

Heute werden derartige Lernprozesse in vielfältiger Weise durch die Computertechnologie unterstützt (vgl. Kanning, 2014a). Allerdings beziehen sich die Softwarelösungen eher selten auf die Förderung sozialer Kompetenzen (z. B. Klinge, Rohmann & Piontkowski, 2007; Stahl, Zahn & Seidel, 2007). Prinzipiell kann der Computer zu drei einander ergänzenden Zwecken eingesetzt werden (vgl. Abb. 25). Zunächst können sich die Teilnehmer der Maßnahme die Lerninhalte vollständig oder ergänzend zum Seminar über ein Lernprogramm aneignen. Man denke hier z. B. an eine Software, die sich mit dem Thema „Geschäftsessen mit chinesischen Wirtschaftspartnern" beschäftigt. Hier finden sich möglicherweise Videoclips, in denen ein Trainer den prototypischen Verlauf eines solchen Treffens in Form eines Vortrags darstellt („Online-Teaching"). Zusätzlich lesen die Seminarteilnehmer Texte, in denen die Inhalte in Textform behandelt werden. Dabei können sich die Teilnehmer mit bestimmten Themenfeldern, die sie besonders interessieren, per Hypertext oder Hypervideo auseinandersetzen. Bereits gelernte Inhalte können mit Hilfe der Software aber auch vertiefend behandelt werden. Ob die Aneignung des Wissens computergestützt oder über klassische Lernformen vonstattenging, spielt hierbei keine Rolle. Diese Vertiefung erfolgt erneut über klassische Texte, Verknüpfungen zu anderen Quellen („Hypertext" bzw. „Hypervideo") oder aber durch Online-Tutorials und Online-Diskussionen. Bei Online-Tutorials können die Teilnehmer ihr Wissen in einem Chatroom mit Tutoren vertiefen, während sie bei Online-Diskussionen unter sich bleiben, also keinen Experten zu Rate ziehen können. Die dritte Funktion, die eine Softwarelösung übernehmen kann, ist die Lernstandskontrolle. Jeder Teilnehmer hat dabei z. B. nach dem Absolvieren einer Lerneinheit die Möglichkeit, passende Testaufgaben zu bearbeiten, die der Computer eigenständig auswertet. Nach erfolgtem Feedback

**Einsatz des Computers**

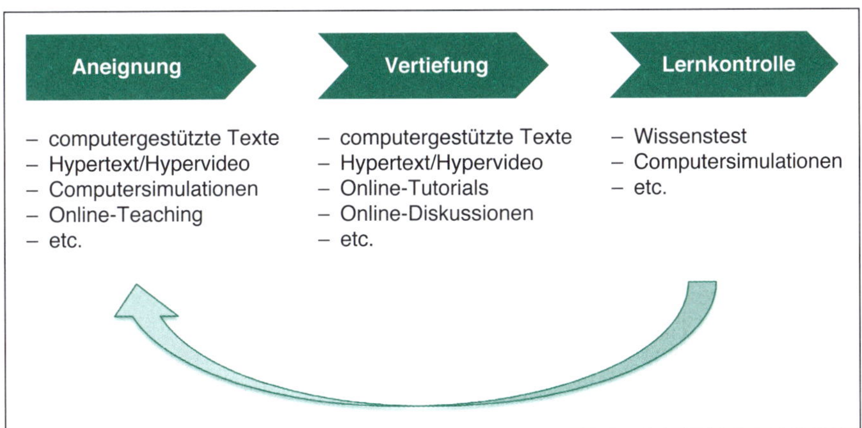


**Abbildung 25:**
Einsatzmöglichkeiten des Computers

weiß die betroffene Person, ob es sinnvoll ist, bereits mit der nächsten Lerneinheit voranzuschreiten oder ob noch etwas aus der vorherigen Lerneinheit wiederholt werden muss. Ähnlich verhält es sich bei Computersimulationen. Beispielsweise könnten die Teilnehmer ein virtuelles Geschäftsessen durch eigene Interventionen verändern und dann sehen, wie sich die Szene zum Nachteil oder zum Vorteil verändert. Entscheidet sich der Teilnehmer dafür, die Phase des Smalltalks sehr kurz zu halten, so sieht er in der Simulation, wie die Geschäftspartner sich besonders reserviert verhalten, da ihnen das Vorgehen unhöflich erscheint. Wählt er hingegen die entgegengesetzte Variante und dehnt den Smalltalk zu weit aus, verlieren die Akteure in der Simulation den eigentlichen Zweck des Gesprächs aus dem Blick und das Treffen bleibt ohne greifbares Ergebnis.

### 4.3.2 Verhaltensorientierte Methoden

Im Zentrum der meisten Trainings sozialer Kompetenz steht das tatsächliche Sozialverhalten der Mitarbeiter. Durch Verhaltenstrainings werden neue Fertigkeiten aufgebaut bzw. vorhandene Kompetenzen gestärkt. Dies geschieht durch ein aktives Einstudieren des gewünschten Verhaltens. Geht es beispielsweise um die Förderung eines freundlichen Umgangs mit schwierigen Kunden, so würde man nicht nur darüber reden, welches Verhalten das richtige wäre (Wissensvermittlung), sondern das entsprechende Verhalten in Rollenspielen auch praktisch einüben. Da das Training einen geschützten Rahmen vorgibt, kann man offen über die eigenen Schwierigkeiten reden. In einer relativ angstfreien Atmosphäre kann das Verhalten des Einzelnen in Rollenspielen systematisch analysiert und verbessert werden. Eine besonders aufwendige und gleichzeitig sehr erfolgreiche Methode, in der u. a. Rollenspiele zum Einsatz kommen, ist die Verhaltensmodellierung. Aufgrund der zentralen Rolle der Verhaltensmodellierung werden wir uns später noch ausführlicher mit ihr beschäftigen.

In Anbetracht der Tatsache, dass der Begriff der sozialen Kompetenz sehr weit gefasst ist und sozial kompetentes Verhalten in sehr vielen beruflichen Kontexten von Bedeutung ist (vgl. Kap. 1), überrascht es nicht, wenn die Bandbreite entsprechender Trainings zur Verbesserung sozialer Kompetenzen ebenfalls sehr groß ist (vgl. Kanning, 2007). Letztlich ist jedes Training, das sich mit dem Verhalten gegenüber Mitarbeitern, Kollegen oder Kunden beschäftigt, ein Training zur Verbesserung sozialer Kompetenzen, auch wenn der Begriff „soziale Kompetenz“ nicht explizit genannt wird. Im Kasten auf Seite 92 sind besonders häufig anzutreffende Themenfelder aufgelistet.

**Kommunikation**

Soziale Kompetenz hat immer auch etwas mit *Kommunikation* zu tun. Insofern überrascht es nicht, wenn die meisten verhaltensbezogenen Trainings Aspekte der Kommunikation thematisieren. Dabei beziehen sie sich auf unterschiedliche soziale Situationen (z. B. Verkaufs- vs. Mitarbeitergespräch), sodass letztlich auch unterschiedliche Inhalte und Verhaltensstrategien vermittelt werden:

Rhetorik

*Trainings der Rhetorik* beziehen sich primär auf solche Situationen, in denen der Handelnde etwas vor einer Gruppe von Menschen präsentieren muss. Neben dem Einsatz von Sprache (Sprachniveau, Redegeschwindigkeit, Pausen etc.) spielen nonverbale Kommunikationselemente (Mimik, Gestik, Bewegung im Raum) sowie der Einsatz von Medien (Flipchart, Metaplan u. Ä.) eine wichtige Rolle. Das Training soll die Teilnehmer zum einen in die Lage versetzen, einen für die Zuhörer ansprechenden Vortrag zu halten. Zum anderen geht es darum, beim Gegenüber einen bestimmten Eindruck zu erwecken, der letztlich zielführend ist. Letzteres ist beispielsweise der Fall, wenn ein Mitarbeiter gegenüber dem Vorstand ein Projekt darstellt und die Entscheidungsträger von der besonderen Qualität der Arbeit überzeugen möchte.

Interviewen

Eine andere Zielrichtung haben *Interviewertrainings* (z. B. Kanning, 2007). Zwar steht auch hier die Sprache im Vordergrund des Geschehens, die Weitergabe der Information tritt jedoch gegenüber der Informationssammlung in den Hintergrund. Der Interviewer soll sich nicht selbst präsentieren, sondern vielmehr zielgerichtet bestimmte Informationen von seinem Gesprächspartner erfahren. Daher kommt dem aufmerksamen Zuhören und Nachfragen eine herausgehobene Bedeutung zu. Interviews werden beispielsweise in der Eignungsdiagnostik eingesetzt. Letztlich hat allerdings jedes Kundengespräch zumindest ansatzweise einen Interviewcharakter, sofern nicht nur Informationen gegeben, sondern eben auch eingeholt werden sollen.

Verkaufen

Bei *Verkaufstrainings* steht hingegen der informationsvermittelnde Aspekt der Kommunikation im Vordergrund. Ziel der Bemühungen ist es, den Rezipienten gezielt mit den Informationen zu versorgen, die ihn zu einer positiven Kaufentscheidung bewegen. Im Training werden den Teilnehmern unterschiedliche Argumentationsstrategien vermittelt, mit denen sie auf unterschiedliche Kundengruppen adressatenspezifisch eingehen können bzw. sich in ihr Gegenüber hineinversetzen können. Der Verkäufer muss also nicht nur rhetorische Fertigkeiten erwerben, sondern auch seine Wahrnehmungs- und Perspektivenübernahmefähigkeiten trainieren. Ein klassisches Verkaufstraining beschränkt sich allerdings nicht nur auf die sozialen Kompetenzen. Die Teilnehmer müssen natürlich auch über die zu verkaufenden Produkte, ihre Vorteile, Handhabung etc. aufgeklärt werden.

Telefonieren

*Trainings zum professionellen Telefonieren* können sehr unterschiedlichen Zwecken dienen, je nachdem mit welchem Ziel das Medium Telefon als Kommunikationsinstrument eingesetzt wird (z. B. Schulte, 2007). Per Telefon kann man erste Informationen über Bewerber einholen, Verkaufsgespräche führen, Reklamationen entgegennehmen und Kundenfragen beantworten, Beratungsgespräche abwickeln u. v. m. Die Besonderheit des Mediums macht eine spezifische Schulung des Kommunikationsverhaltens notwendig. Im Telefongespräch können Informationen ausschließlich durch Sprache und Zuhören ausgetauscht werden. Mimik, Gestik, Einsatz von Bildern und anderen visuellen Hilfsmitteln scheiden als Kommunikationsträger aus. Insofern ist die Kommunikation per Telefon sehr eingeschränkt.

**Führen** Hinter der Bezeichnung *Führungskräftetraining* verbergen sich unterschiedlichste Inhalte, die sowohl auf Managementaufgaben (organisieren, Entscheidungen treffen etc.) als auch auf die Beziehung zwischen Führungskraft und Mitarbeiter abheben (z. B. Felfe & Franke, 2014; Heidbrink & Kusenberg, 2007). Letztere können wir dem Themenkomplex der sozialen Kompetenz zurechnen. Die Inhalte derartiger Trainings reichen von eher abstrakten Prinzipien der Mitarbeiterführung (Partizipation, Mitarbeitermotivierung, Leistungsbeurteilung, Zielvereinbarung etc.) bis hin zu einzelnen Fertigkeiten, die beispielsweise in regelmäßig auftretenden Gesprächen eingesetzt werden können (z. B. aktives Zuhören, Feedback geben). Die Trainingsteilnehmer lernen Theorien und Forschungsbefunde über die Psychologie des Führungsverhaltens kennen (z. B. Rosenstiel & Kaschube, 2014) und trainieren spezifische Verhaltensweisen, wie z. B. das Führen von Mitarbeitergesprächen zur Leistungsbeurteilung (vgl. Kanning, Möller, Kolev & Pöttker, 2013). Der Begriff des Führungskräftetrainings erfüllt somit die Funktion einer übergeordneten Kategorie. Die Gemeinsamkeit der Maßnahmen besteht letztlich nur darin, dass es sich bei den Teilnehmern um Organisationsmitglieder mit Führungsaufgaben oder um potenziell zukünftige Führungskräfte handelt.

**Konflikt** Trainings zum *Konfliktmanagement* (vgl. Regnet, 2007) können auf zwei verschiedenen Ebenen angesiedelt sein. Entweder richten sie sich an Personen, die später im Unternehmen als Mediatoren zur Schlichtung von Konflikten eingesetzt werden oder aber die (potenziellen) Konfliktparteien – in der Regel Kollegen einer oder unterschiedlicher Abteilungen des Unternehmens – werden direkt trainiert. In beiden Fällen geht es im Prinzip darum, die konstruktive Auseinandersetzung zwischen den Konfliktparteien zu fördern (vgl. Brandenburg & Faber, 2007; Thielsch, Brandenburg & Kanning,
**Verhandeln** 2007; Werpers, 2007). Ein besonderer Fall liegt bei *Verhandlungstrainings* vor (vgl. Behrmann, 2013). Auch hierbei geht es letztlich um Konflikte, da die Interessen der beteiligten Parteien zumindest teilweise zueinander im Widerspruch stehen. Die Kunst des erfolgreichen Verhandelns liegt in einem fruchtbaren Interessenausgleich, wobei die Entstehung eines offenen Konfliktes – bei dem die Parteien den Boden des rationalen Argumentierens und Handelns verlassen – von vornherein vermieden wird. An die Stelle von Eskalationsstrategien, Vorurteilen, gegenseitiger Abwertung, Unterstellungen, Ignoranz u. Ä. soll bei jedem Konflikttraining zum einen der Austausch von sachlichen Argumenten, zum anderen ein aktives Bemühen um Interessenausgleich treten. Ziel ist eine sogenannte „Win-Win-Situation“, also eine Konfliktlösung, aus der möglichst alle Beteiligen als „Sieger“ hervorgehen können. Zumindest sollten sie aber ihre Interessen soweit verwirklicht haben,

dass beide Seiten mit dem Ergebnis leben können und somit nicht schon in der Konfliktlösung die Keimzelle für einen neuen Konflikt reift. Ganz offensichtlich stehen auch in Trainings zum Konfliktmanagement wieder einmal kommunikative Fähigkeiten im Zentrum. Überdies vermittelt man den Trainingsteilnehmern grundlegendes Wissen über die psychologische Natur sozialer Konflikte.

**Teamentwicklung**

Trainings zur *Teamentwicklung* (vgl. van Dick & West, 2005) können präventiv, aber auch als Reaktion auf Missstimmung und Konflikte eingesetzt werden. Ziel der Maßnahme ist es, die Kommunikation zwischen Kollegen einer gemeinsamen Arbeitsgruppe positiv zu beeinflussen, den Zusammenhalt der Gruppe zu festigen und die Basis für eine möglichst offene Kommunikation im Arbeitsalltag zu legen. Handelt es sich um ein Team, das neu zusammengestellt wird, gibt das Training Gelegenheit, einander in einem „geschützten" Rahmen, jenseits der Hektik der beruflichen Realität näher kennenzulernen und eigenes Verhalten zu reflektieren. Dabei kann grundsätzliches Wissen über psychologische Gruppenprozesse vermittelt werden. Nicht selten steht die Vermittlung von Wissen und Fertigkeiten allerdings weitaus weniger im Zentrum des Geschehens als ein durch verschiedene Interaktionsspiele geförderter Prozess der freien Auseinandersetzung der Teammitglieder. Mit Hilfe von Gruppenübungen wird den Teilnehmern überdies mehr oder minder subtil vor Augen geführt, dass jeder einzelne sein Arbeitsziel nur dann erreichen kann, wenn alle an einem Strang ziehen. Ähnlich gelagert sind Trainings, in denen zwei Arbeitsgruppen zusammengefasst werden. In diesem Fall geht es darum, die Kooperation zwischen den Gruppen zu fördern.

**Interkulturelle Kompetenz**

Vor dem Hintergrund einer zunehmend global vernetzten (Wirtschafts-)Welt gewinnen Trainings zur Vermittlung *interkultureller Kompetenzen* mehr und mehr an Bedeutung (vgl. Kammhuber & Müller, 2007; Kühlmann, 2004). Interkulturelle Trainings sind insbesondere dann wichtig, wenn der Mitarbeiterstab aus Vertretern sehr unterschiedlicher Kulturen zusammengesetzt ist, eine Fusion mit einem ausländischen Unternehmen ansteht, Mitarbeiter ins Ausland versetzt werden oder verstärkt mit Kunden und Geschäftspartnern aus fremden Kulturen kooperieren müssen. Die Trainings vermitteln vor allem Wissen über die mehr oder minder unbekannte Kultur, ihre gängigen Verhaltensnormen und Werte. Den Teilnehmern wird dabei bewusst, dass das eigene Verhalten immer nur vor dem Hintergrund kulturell geprägter Bezugssysteme als „normal" gelten kann und das erfolgreiche Interagieren auf einem meist unbewussten Einverständnis über diese Normalität beruht. Die Sensibilisierung der Trainingsteilnehmer für die Relativität und kulturelle Gebundenheit des richtigen Sozialverhaltens bildet die wichtigste Grundlage für praktische Kommunikationsübungen, in denen die Auseinandersetzung mit Vertretern anderer Kulturen eingeübt wird. Hierzu zählen z. B. Begrüßungs- und Höflichkeitsrituale sowie das frühzeitige Erkennen bzw. Vermeiden von Missverständnissen.

**Inhaltliche Schwerpunkte von Trainings zur Förderung sozial kompetenten Verhaltens**

- *Rhetorik:* Präsentationstechniken, verbale und nonverbale Kommunikation etc.
- *Interviews:* zielgerichtete Kommunikation, Fragenstellen, Zuhören etc.
- *Verkaufen:* zielgruppenbezogene Argumentationsstrategien, Rhetorik, Perspektivenübernahme etc.
- *Telefonieren:* Informationen einholen oder geben, Verkaufsgespräche, Beratungsgespräche etc.
- *Mitarbeiterführung:* Psychologie der Mitarbeiterführung, Mitarbeitergespräche etc.
- *Konfliktmanagement:* Psychologie des Konflikts, Mediationstechniken, Zuhören etc.
- *Teamentwicklung:* Psychologie der Gruppe, Selbstreflexion etc.
- *Interkulturelle Kompetenzen:* Normen und Werte fremder Kulturen, Einübung von Ritualhandlungen etc.

**Verhaltensmodellierung**

Schauen wir uns im Folgenden nun einmal eine konkrete Methode zur Veränderung des Sozialverhaltens näher an. Mit Hilfe der *Verhaltensmodellierung* eignet sich der Trainingsteilnehmer spezifische Fertigkeiten an und lernt, sie zielgerichtet und erfolgreich in sozialen Situationen einzusetzen (vgl. Kanning, 2014a). Die Trainings laufen üblicherweise in Gruppen ab, wobei jeder Teilnehmer ggf. mehrfach hintereinander einen mehrstufigen Prozess durchläuft (vgl. Abb. 26).

Stellen wir uns zur Illustration einmal die folgende Situation vor. In einem Training zur Verbesserung des sozial kompetenten Verhaltens kommen die Führungskräfte eines Unternehmens zusammen. Gegenstand der eintägigen Veranstaltung ist das Mitarbeitergespräch, das einmal im Jahr im Rahmen der Regelbeurteilung durchgeführt wird (vgl. Lohaus & Schuler, 2014). In dem Gespräch nimmt der Vorgesetzte eine Beurteilung des jeweiligen Mitarbeiters vor und gibt ihm die Gelegenheit zur Selbsteinschätzung. Den Abschluss bildet die Formulierung von Arbeitszielen für das folgende Jahr.

**Einführung in den Problembereich**

Zu Beginn des Trainings wird der prototypische Ablauf des Mitarbeitergesprächs erläutert (= „Einführung in den Problembereich“; vgl. Abb. 26). Hierzu zählt die Vermittlung von grundlegenden Informationen über kommunikative Prozesse, Selbst- und Fremdwahrnehmung sowie die Prinzipien der Zielsetzungsmethode. Im Kern geht es jedoch um die Frage, wie die Führungskraft mit schwierigen Situationen, die häufig in solchen Gesprächen auftreten, umgehen sollte. Schwierige Situationen wären etwa gegeben, wenn der Mitarbeiter dem Vorgesetzten Voreingenommenheit vorwirft und seine Beurteilung nicht gelten lassen will, wenn sich der Mitarbeiter tief betroffen über eine negative Bewertung einer Fortführung des Gesprächs verweigert oder wenn er in der Phase der Zielvereinbarung beharrlich auf viel zu niedrig angesetzten Zielen besteht. Alle drei Situationen erfordern ein hohes Maß an Geschick, will der Vorgesetzte das Gespräch zu einem für beide Seiten erfolgreichen Abschluss bringen. Für jede der drei Szenen soll der Trainingsteilnehmer geeignete Fertigkeiten ausbilden. Die Wahl der Methode fällt auf die Verhaltensmodellierung. Bei jedem Teilnehmer wird die Methode dreimal eingesetzt, eben für jede der Problemsituationen einmal.

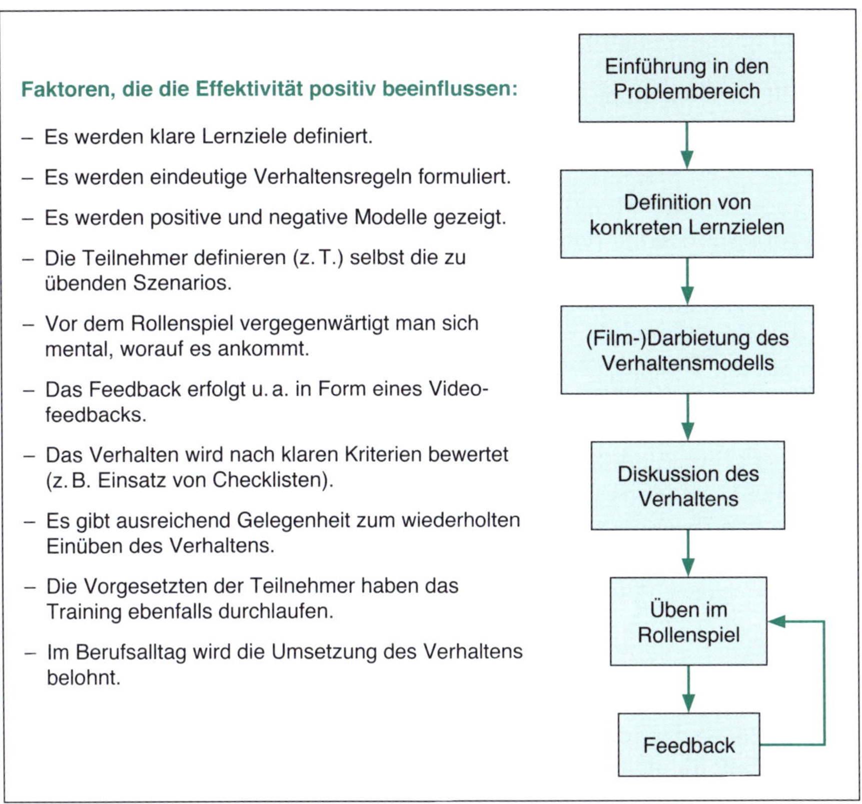


**Abbildung 26:**
Prozess der Verhaltensmodellierung (Kanning, 2014a, S. 534)

**Definition konkreter Lernziele**

In Phase 2 des Prozesses werden nun gemeinsam mit den Trainingsteilnehmern konkrete Lernziele definiert. Die Ziele müssen anspruchsvoll und möglichst konkret formuliert sein. Anspruchsvolle Ziele, also Ziele, die moderat über dem derzeitigen Leistungsniveau der Teilnehmer liegen, können von diesen als Herausforderung begriffen werden und stellen einen Ansporn dar, wenn die Betroffenen sie als prinzipiell erreichbar ansehen. Die Präzision der Ziele ist wichtig, weil nur so überprüft werden kann, inwieweit sie im Laufe des Trainings tatsächlich verwirklicht wurden bzw. an welchen Punkten noch Verbesserungsbedarf besteht.

**Darbietung eines Modells**

In der dritten Phase der Verhaltensmodellierung präsentiert der Trainer ein Modell, anhand dessen richtiges und falsches Verhalten differenziert wird. Die Darstellung kann in Rollenspielen erfolgen, besser wäre jedoch ein Film, da man sich dann das Verhalten des Protagonisten mehrfach hintereinander anschauen kann und somit die Basis für eine sehr exakte Analyse des Verhaltens legt. Im Film sieht man, wie eine Führungskraft ein Mitarbeitergespräch führt, in dem eine der drei skizzierten Problemsituationen auftritt. In jedem Fall benötigt man ein Modell, das das Problem zufriedenstellend löst, so dass die Trainingsteilnehmer direkt vom Verhalten des Modells lernen können. Sinnvoll wäre es, zusätzlich einen Film mit fehlerhaftem Verhalten zu zeigen. Hierdurch fällt die Unterscheidung zwischen richtigem und falschem Verhalten besonders leicht.

**Diskussion des Modellverhaltens**

Das Verhalten des Modells wird mit den Trainingsteilnehmern in Phase 4 des Prozesses diskutiert und dabei eine idealtypische Lösung des Problems erarbeitet. Im Sinne der Lerntheorie von Bandura (1986) ist an dieser Stelle bereits der kognitive Lernprozess abgeschlossen. Die Teilnehmer wissen nun, welches Verhalten sie in einer entsprechenden Situation an den Tag legen sollen. Voraussetzung hierfür ist allerdings, dass sie dem Modell tatsächlich ihre Aufmerksamkeit geschenkt haben und die wichtigen Informationen in ihrem Gedächtnis speichern. Beides fördert der Trainer, indem er gemeinsam mit den Führungskräften das Verhalten des Modells analysiert. Darüber hinaus ist es von Vorteil, wenn zwischen dem erfolgreichen Modell und den Trainingsteilnehmern eine gewisse Ähnlichkeit besteht und das Modell mit dem gewünschten Verhalten offensichtlich erfolgreich ist. Die wahrgenommene Ähnlichkeit erhöht die Wahrscheinlichkeit für eine späterhin erfolgreiche Imitation des Verhaltens durch die Trainingsteilnehmer.

**Üben im Rollenspiel**

In der fünften Phase der Verhaltensmodellierung üben die Trainingsteilnehmer das Modellverhalten selbst ein. Hierzu werden Rollenspiele durchgeführt, in denen der Teilnehmer die Rolle der Führungskraft, der Trainer oder ein Assistent die Rolle des schwierigen Mitarbeiters übernimmt.

**Feedback**

Die übrigen Teilnehmer beobachten das Geschehen aufmerksam, damit sie in der sechsten Phase – der Feedbackphase – dem Kollegen eine möglichst differenzierte Rückmeldung über sein Verhalten geben können. Das Feedback wird wesentlich erleichtert, wenn das Rollenspiel zuvor gefilmt wurde, da man sich die Szene dann mehrfach hintereinander anschauen kann. Auch hat der Protagonist so die Möglichkeit, sein eigenes Verhalten einmal aus der Perspektive des unbeteiligten Beobachters zu betrachten. In der Feedbackphase geht es im Wesentlichen um die Frage, inwieweit der Protagonist das Modellverhalten – bzw. die zuvor definierten Ziele – richtig umgesetzt hat und welche Verbesserungen er noch vornehmen sollte. Sofern sein Verhalten nicht schon beim ersten Spiel perfekt war, wird der Zyklus aus

Rollenspiel und Feedback mehrfach durchlaufen, gerade eben so lange, bis ein zufriedenstellendes Verhalten resultiert. Anschließend kommt der nächste Trainingsteilnehmer an die Reihe und so fort, bis alle das Modellverhalten gut einstudiert haben. Ist die Teilnehmergruppe sehr groß, kann man sie trennen, damit der Einzelne nicht zu lange auf seinen Einsatz warten muss. Gleichwohl ist die Zeit als „Zuschauer" keine vergeudete Zeit, da der Beobachter sich intensiv mit dem erwünschten Verhalten auseinandersetzt. Seine Kollegen fungieren dabei gewissermaßen als weitere Modelle, von denen er lernen kann, bis er selbst an die Reihe kommt. Ist die Verhaltensmodellierung für eine Problemsituation abgeschlossen, beginnt der gesamte Prozess für die nächste Problemsituation von vorn.

Die Verhaltensmodellierung gehört zu den am besten untersuchten Methoden der Personalentwicklung. Ihre Effektivität steht heute außer Zweifel, sofern man die genannten methodischen Prinzipien beherzigt (vgl. Taylor, Russ-Eft & Chan, 2005).

### 4.3.3 Beratungsorientierte Methoden

Sind die notwendigen Fertigkeiten weitgehend vorhanden, mangelt es aber an der Umsetzung im beruflichen Alltag, so kann die Methode der *Beratung* (Coaching) wertvolle Dienste leisten. Der Beratungsansatz kann unabhängig oder begleitend zu einem Verhaltenstraining eingesetzt werden. Tritt er trainingsbegleitend auf, könnten sich die Trainingsteilnehmer z. B. über einen Zeitraum von einem halben Jahr regelmäßig zu einer Gruppensitzung mit dem Trainer treffen. Ziel der Sitzungen ist eine Verbesserung des Trainingstransfers, also eine möglichst weitgehende Umsetzung des Trainingsinhaltes im beruflichen Alltag.

**Coaching**

Das klassische Coaching besteht aus zwei Personen, dem Berater („Coach") und der zu beratenden Person („Coachee"). In der Regel trifft man sich über einen Zeitraum von einigen Monaten zu 10 bis 15 Sitzungen, wobei die Frequenz über die Zeit hinweg meist abnimmt (Kühl, 2005). In den Sitzungen analysiert der Coachee gemeinsam mit seinem Coach Alltagssituationen, in denen sein Sozialverhalten offensichtlich nicht zum gewünschten Erfolg geführt hat, und erarbeitet Strategien zur Beseitigung des Missstandes. Der Coach wird somit zu einem vertrauten Begleiter, der den Mitarbeiter bei der Reflexion und Steuerung seines Verhaltens unterstützt. Da es sich beim Coaching im Vergleich zum Training um eine besonders personalintensive und damit auch kostspielige Methode handelt, ist sie in den meisten Fällen Führungskräften vorbehalten. Die konkreten Inhalte der Treffen legen Coach und Coachee gemeinsam fest. Die Kosten trägt in der Regel der Arbeitgeber. Tabelle 12 skizziert die wichtigsten Unterschiede zwischen Coaching und einem klassischen Gruppentraining.

**Tabelle 12:**
Unterschiede zwischen Coaching und Training (in Anlehnung an Rauen & Eversmann, 2014, S. 571)

| Aspekt | Coaching | Training |
|---|---|---|
| Zielgruppen | Personen mit Management-Aufgaben | keine vorbestimmte Zielgruppe |
| Ziele | Verhaltenserweiterung bzw. Flexibilisierung, primär Aufbau überfachlicher Kompetenz, Hilfe zur Selbsthilfe | Auf- und Ausbau von fachspezifischen und überfachlichen Fähigkeiten und Verhaltensweisen |
| Prozess | Coach und Klient bestimmen zusammen Inhalt und Ablauf | Trainer bestimmt in starkem Maße Inhalt und Ablauf der Veranstaltung und leitet Übungen gezielt an |
| Fokus | Beschäftigung mit den Erlebnissen und individuelle Probleme des Klienten; beziehungsorientiert | Beschäftigung mit fachlichen und sozialen Themen, sachorientiert |
| Setting | Eins-zu-eins-Beziehung, Freiwilligkeit als Voraussetzung | Gruppensetting, Freiwilligkeit wünschenswert, oft aber nicht sinnvoll umsetzbar |
| Rolle und primäre Kompetenzen des Coachs | kein Beziehungsgefälle, Methodenvielfalt, Zuhören, Gesprächspartner sein | Beziehungsgefälle aufgrund fachlicher Expertise, Methodenvielfalt |

**Coaching in Gruppen**

Abwandlungen des klassischen Coaching-Ansatzes bestehen darin, dass sich ganze Gruppen von Menschen regelmäßig unter der Anleitung eines Coachs treffen. Dies hat Vor- und Nachteile. Der wichtigste Vorteil besteht darin, dass die Betroffenen durch den Austausch mit Gleichgesinnten ein breiteres Spektrum von Problemlösestrategien präsentiert bekommen, als dies der Coach allein gewährleisten kann. Zudem erkennt man möglicherweise, dass die Probleme nicht allein in der eigenen Person liegen, sondern zu den natürlichen Begleiterscheinungen eines bestimmten Arbeitsfeldes gehören. Der größte Nachteil ergibt sich aus der stark eingeschränkten Vertraulichkeit der Situation. Im Zwiegespräch mit dem eigenen Coach werden die meisten Coachees sicherlich offener über ihre Probleme und Ängste sprechen als in einer Gruppe mit vielen Personen. Dies gilt umso mehr, wenn es sich bei den Gruppenmitgliedern um Kollegen handelt. Wer gibt schon gern vor den Kollegen zu, dass man nicht weiß, wie man mit Willkür und Selbstgefälligkeit des eigenen Vorgesetzten umgehen soll, wenn man befürchtet, dass dies ein Kollege im Haus herumerzählt. In vielen Unternehmen dürfte es für Führungskräfte zudem fast schon überlebensnotwendig sein, dass man nach außen hin immer souverän auftritt und keine Schwächen zugibt, weil man sich in einem immerwährenden Wettbewerb mit den

Kollegen der gleichen Führungsebene befindet. Eine weitere Abweichung vom klassischen Ansatz liegt vor, wenn der Coach nicht als externer Berater eingekauft wird, sondern Mitglied desselben Unternehmens ist wie die zu beratenden Personen. Vorteilhaft ist dabei, dass der Coach Strukturen, Prozesse und wichtige Entscheidungsträger des Unternehmens kennt, so dass er die Situation des Coachees optimal einschätzen kann. Allerdings steht auch hier immer die Frage im Raum, wie sehr sich der Coachee öffnet, wenn er subjektiv befürchten muss, dass die Inhalte der Gespräche nach außen dringen.

**Coachingmethoden**

Die innerhalb des Coachings verwendeten *Methoden* sind sehr vielfältig (Rauen, 2011; Vogelauer, 2011). Rauen und Eversmann (2014, S. 592 f.) unterscheiden fünf Methodengruppen, die jeweils einzelfallbezogen miteinander kombiniert werden:

- Methoden zum Aufbau einer Beziehung zwischen Coach und Klienten: Allgemeine Gesprächstechniken, Anpassung der eigenen (Körper-)Sprache an die des Coachees,
- diagnostische Methoden zur Erfassung der Situation des Klienten: psychologische Testverfahren, Rollenspiele, Interviews etc.,
- Methoden, die den Klienten zum Nachdenken über seine Situation anregen: Feedback, Fragetechniken, Wahrnehmungsverzerrungen klären, Konfrontation mit unliebsamen Wahrheiten etc.,
- Methoden zur Veränderung des Verhaltens: Rollenspiele, Gesprächstechniken, Konfrontation mit unliebsamen Wahrheiten, Hinterfragen bestehender und bislang nicht reflektierter Einstellungen, Lerntransfervereinbarungen,
- Zielsetzung: Es werden gemeinsam mit dem Coachee anspruchsvolle, aber gleichwohl erreichbare Ziele bezogen auf das zu verändernde Verhalten definiert. Die Ziele müssen präzise sein, damit man anschließend auch möglichst klar entscheiden kann, inwieweit die Bemühungen des Klienten von Erfolg gekrönt waren.

Stellen wir uns zur Verdeutlichung einmal eine Nachwuchsführungskraft vor, die den Eindruck hat, dass sie von ihren zumeist älteren Kollegen im Unternehmen ausgegrenzt wird. Nachdem für eine grundlegend offene und vertrauensvolle Atmosphäre in der Beratungssituation gesorgt wurde, geht es zunächst darum, die Überzeugungen des Klienten zu hinterfragen. Ist es tatsächlich so, dass die Nachwuchsführungskraft ausgegrenzt wird? An welchen Punkten macht sie diesen Eindruck fest? „Ausgrenzung" ist ein aktiver Prozess. Könnte es nicht auch sein, dass die Kollegen nur nicht aktiv auf den Coachee zugehen? Gehört ein reservierter Umgang miteinander vielleicht zur Organisationskultur? Welche Versuche hat der Klient unternommen, um von sich aus auf die anderen zuzugehen? Hat der Coach den Eindruck, dass sein Klient vom ersten Moment an unbefangen auf ihn zugegangen ist? Kennt der Klient dergleichen aus völlig anderen beruflichen Kontexten? Diese und ähnliche Fragen wären zu klären.

Nehmen wir einmal an, man käme zu dem Schluss, dass die Nachwuchsführungskraft selbst durch ihr Verhalten maßgeblich zu dem Missstand beigetragen hätte. Als nächstes geht es darum, die sozialen Kompetenzen sowie die Persönlichkeit der Führungskraft zu analysieren. Hierzu bedient man sich psychologischer Testverfahren, mit deren Hilfe Schwächen im Bereich der Extraversion, eine starke Tendenz zur Konfliktvermeidung und Defizite im Bereich der Selbstreflexion festgestellt werden. Eine situationsbezogene Exploration im anschließenden Feedbackgespräch offenbart, dass der Coachee von sich aus potenziell schwierige soziale Situationen meidet, ohne sich selbst jedoch als eine Ursache für die entstehenden Probleme in Betracht zu ziehen. Es ist eine wichtige Aufgabe des Coachs, dies offen anzusprechen und seinen Klienten davon zu überzeugen, dass er selbst anders agieren muss, wenn sich die unangenehme Situation verändern soll.

Im weiteren Verlauf des Coachings geht es nun darum, das Sozialverhalten peu à peu in die gewünschte Richtung zu lenken und den Klienten dazu zu bringen, sich selbst in dem ganzen Geschehen stärker in den Fokus der Aufmerksamkeit zu stellen. Hierzu führt der Coach in mehreren Sitzungen Rollenspiele mit Videofeedback durch, wobei Situationen aus dem Berufsalltag simuliert werden. Die Rollenspiele sind der Schwierigkeit nach geordnet. Zunächst beginnt man mit den eher leichten Situationen und nähert sich dann nach und nach den komplexeren Situationen. Für die Phasen zwischen den Sitzungen werden konkrete Verhaltensziele für den Berufsalltag vereinbart. Am Ende einer jeden Woche führt der Klient Protokoll darüber, inwieweit er die Ziele umsetzen konnte, welche Faktoren ggf. dagegenwirkten und wie er in der folgenden Woche seine Strategien verändern will, um das Ziel dennoch erreichen zu können.

Mit voranschreitendem Coachingprozess nimmt sich der Coach immer mehr zurück und verlängert auch die Abstände zwischen den Sitzungen, so dass der Klient zunehmend auf sich gestellt ist. Ab einem bestimmten Punkt beendet man dann das Coaching, wenn die berufliche Sachlage sich entsprechend zum Positiven gewandelt und der Klient genügend Sicherheit erworben hat, um neue Probleme vergleichbarer Art allein bewältigen zu können.

Auch wenn vieles dafür spricht, dass Prozesse wie der soeben skizzierte hilfreich sein können, ist der *Nutzen* des Coachings bislang nur ansatzweise belegt worden (vgl. McKenna & Davis, 2009; Theeboom, Beersma & van Vianen, 2013). Dies mag zum einen darauf zurückzuführen sein, dass die Vielzahl der verwendeten Methoden und ihrer Kombinationen eine systematische Erforschung erschwert. Zudem würde man für eine aussagekräftige Überprüfung der Effekte große Stichproben, einen Vorher-Nachher-Vergleich sowie eine Kontrollgruppe benötigen. Dergleichen lässt sich in der Praxis jedoch nur schwer realisieren. Dennoch ist dies auf Dauer keine Entschuldigung, zumal immer mehr offenkundig unseriöse Anbieter in den Markt drängen und ihre mitunter skurrilen Methoden unter dem Deckmantel des Coachings vermarkten. Hier ist Abgrenzung vonnöten, und dies geschieht am überzeugendsten über empirische Nachweise der Effektivität des seriösen Coachings.

**Scharlatane**

Für den Kunden, der mit dem Gedanken spielt, Coaching für sich oder sein Unternehmen einzukaufen, ist es nicht leicht, unter den extrem vielfältigen Angeboten etwas Passendes und vor allem etwas Seriöses zu finden. Bislang ist es nicht gelungen, den Berufsstand qualitativ und rechtlich abzusichern. Ein jeder, der es will, kann sich von morgen an „Coach" nennen und als solcher praktizieren. Ein einheitliches Curriculum für eine qualifizierende Weiterbildung oder gar ein Studium existiert nicht. Stattdessen bieten unzählige Organisationen und Personen beliebige Coaching-Ausbildungen an, die man z. T. mit wenigen Tagen Aufwand absolvieren kann. In der Folge hat sich ein extrem bunter Markt von Coaching-Anbietern entwickelt, der sicherlich so manchem Kunden zumindest finanziell geschadet hat. Schauen wir uns zur Verdeutlichung zwei *fragwürdige Ansätze* einmal näher an (umfassender: Kanning, 2013d).

**Spirituelles Coaching**

Seit einigen Jahren gibt es eine wachsende Anzahl von Anbietern, die ihren Ansatz auf christlichen Schriften aufbauen. Das sogenannte Spirituelle Coaching wird vor allem von katholischen Ordensleuten betrieben, richtet sich insbesondere an Führungskräfte und vermittelt den Eindruck, dass man durch das Lesen ausgesuchter Texte, durch Meditation und Beten zu einer besseren Führungskraft werden könne. Schon auf den ersten Blick stellt sich die Frage, was denn nun gerade Vertreter der katholischen Kirche dazu prädestiniert, Experten für das Thema Führung im 21. Jahrhundert zu sein. In ihren eigenen Reihen wird ja bekanntermaßen ein recht archaischer Führungsstil gelebt. Doch die Kritik geht viel weiter (vgl. Kanning, 2013e):

- Die Auswahl der zugrunde gelegten christlichen Werte scheint beliebig zu sein. Je nachdem, welche Ursprungsquelle die Autoren heranziehen, werden andere Werte als Schlüssel zu einer guten Führungspraxis angepriesen.
- Ein wichtiger Wert ist in diesem Zusammenhang das Gottvertrauen. In der Psychologie würde man dies eine fatalistisch-externale Kontrollüberzeugung nennen – eine Grundhaltung, die in starkem Widerspruch zu den Aufgaben der meisten Führungskräfte stehen dürfte. Führungskräfte sollen gemeinhin wichtige Entscheidungen nicht anderen überlassen, sondern sie selbst nach einem rationalen Abwägungsprozess treffen. Und wie erklärt man sich den Erfolg von Führungskräften, die keine religiöse Verwurzelung haben?
- Die intellektuelle Auseinandersetzung mit den ausgewählten Werten bleibt oberflächlich. So kann man sich zwar schnell darauf einigen, dass Führungskräfte Gerechtigkeit walten lassen sollen – die Aussage ist aber so

allgemein, dass sie kaum falsch sein kann. Die Fragen danach, was denn eigentlich Gerechtigkeit ist, wie sie von verschiedenen Mitarbeitern erlebt wird und wie man damit praktisch umgehen soll, werden jedoch nicht einmal gestellt.

- Grundlegende Aussagen des Ansatzes sind empirisch schon lange widerlegt, wie z. B. die Überzeugung, dass Führungserfolg vor allem eine Frage der Führungspersönlichkeit sei (vgl. Rosenstiel & Kaschube, 2014).
- Sämtliche Erkenntnisse der Führungsforschung werden ignoriert, wahrscheinlich sind sie nicht einmal bekannt.
- Selbstverständlich werden keine Belege vorgelegt, die den Nutzen des spirituellen Coachings für die Führungspraxis nachweisen könnten. Der Ansatz lebt allein vom Dogma und der Autorität der Kirche.

**Neurolinguistisches Programmieren**

Ein zweiter, sehr viel weiter verbreiteter Ansatz ist das *Neurolinguistische Programmieren (NLP)*. Ursprünglich wurde NLP vor rund 40 Jahren als eine psychotherapeutische Schule entwickelt. Inzwischen vermarkten seine Anhänger NLP als einen vermeintlich effektiven Ansatz zur nahezu beliebigen Veränderung jedweden Verhaltens. Mehrere tausend NLP-Trainer bieten in Deutschland ihre Dienste an, die sich z. T. explizit als Coach vermarkten. Im Folgenden seien die wichtigsten Problempunkte aufgelistet (vgl. Kanning, 2014e):

- Alle Menschen werden einem von drei möglichen Typen zugeordnet. Demnach sollen Menschen entweder primär visuelle, auditive oder gefühlsbezogene kinästhetische Informationen aus ihrer Umwelt verarbeiten. Zudem soll ihr Denken durch die jeweilige Modalität geprägt sein. Die Unterscheidung ist weder empirisch fundiert noch sinnvoll. Millionen Menschen in drei Schubladen einzusortieren zeugt nicht gerade von einem differenzierten Blick auf die menschliche Natur.
- Im Gespräch soll man die Zuordnung zu den drei Typen durch Beobachtung erschließen können. Demnach würden z. B. visuelle Gesprächspartner beim Nachdenken den Blick nach oben richten. Die wenigen Studien, die sich mit der Frage beschäftigen, ob die Blickrichtung beim Nachdenken in einem systematischen Zusammenhang zu den Inhalten des Denkens steht, konnten dies nicht belegen (z. B. Bliemester, 1988). Zudem zeigte sich die Zuordnung der Type als zeitlich völlig instabil (Dorn, Atwater, Jereb & Russel, 1983).
- Andere diagnostische Zugänge zur Bestimmung der Typen (Bevorzugung bestimmter Wörter beim Sprechen, Selbsteinschätzung mit Hilfe von Fragebögen, Atemtechnik etc.) kommen zu jeweils unterschiedlichen Ergebnissen, die sich noch dazu über die Zeit hinweg verändern (z. B. Fromme & Daniel, 1984). Entweder gibt es die Typen gar nicht oder man ist nicht in der Lage sie zu identifizieren.
- Ausgehend von der Festlegung des Typen soll der Coach sich nun dem Klienten in Sprache, Körperhaltung, Gestik etc. möglichst weitgehend anpassen *(Pacing)*, um so eine vertrauensvolle zwischenmenschliche Be-

ziehung aufzubauen. Gelingt dies, soll der Klient nun besonders empfänglich für subtile Beeinflussung sein (Zustand des *Rapports*). Nun verändert der Coach ganz allmählich sein Verhalten, um damit auf wundersame Weise eine geradezu beliebige Veränderung des Denkens und Handelns beim Klienten zu erreichen *(Leading)*. Den Überzeugungen des NLP zufolge kann der Klient gar nicht anders als seinem Coach zu folgen, da man im Zustand des Rapports einen besonderen Zugang zum Unterbewusstsein des Klienten haben soll. Der gesamte Prozess wurde nie empirisch belegt. Es handelt sich um reine Behauptungen, die wie religiöse Überzeugungen immer weiter tradiert werden.

**Merkmale fragwürdiger Anbieter**

Wie wir sehen, ist bei der Auswahl eines Coachs bzw. einer Coachingmethode Vorsicht anzuraten. Abbildung 27 fasst typische Merkmale fragwürdiger Anbieter zusammen.

| Ausbildung | Marketingstrategien | Methodik |
|---|---|---|
| – kein qualifizierendes Studium einer Disziplin, die sich mit der Natur menschlichen Verhaltens und ihrer Veränderung beschäftigt<br>– keine umfassende Zusatzausbildung im Bereich der Beratung<br>– stattdessen: zahlreiche kleine Zusatzausbildungen ohne erkennbaren Zusammenhang | – Herausstellen einer besonderen individuellen Gabe<br>– Verweis auf lange Erfahrung (statt Ausbildung)<br>– Verweis auf zufriedene Kunden (statt belastbarer Belege)<br>– Verweis auf weite Verbreitung des Ansatzes<br>– Verweis auf mythische Wurzeln („jahrhundertealtes Erfahrungswissen der alten Chinesen" o. Ä.) | – Verzicht auf jegliche Form der Diagnostik<br>– Einsatz von diagnostischen Methoden, die empirisch nicht fundiert sind<br>– Vermittlung von dogmatischen Glaubenssätzen<br>– keine Begründung für den Einsatz bestimmter Methoden<br>– Fehlen wissenschaftlicher Evidenz |

**Abbildung 27:**
Kennzeichen fragwürdiger Anbieter

### 4.3.4 Erlebnisorientierte Methoden

**Erlebnispädagogik**

Erlebnisorientierte Verfahren haben seit den 90er Jahren Einzug in die Personalentwicklung gehalten. Der Ansatz stammt ursprünglich aus der Pädagogik. Anfang des letzten Jahrhunderts beschäftigte sich der Reformpädagoge Kurt Hahn mit der Frage, wie man junge Menschen bei einer positiven Entwicklung ihrer Persönlichkeit unterstützen könne. Schon damals plagte ihn die Sorge, dass die Sitten allmählich verfallen würden, da Oberflächlichkeit und Konsumorientierung die Gesellschaft seiner Meinung nach in die Irre führten. Bei vielen jungen Menschen glaubte er einen eklatanten Mangel an Initiative, Sorgfalt, zwischenmenschlicher Anteilnahme und körperlicher Leistungsfähigkeit erkennen zu können. Die Lösung aller Probleme sah Kurt Hahn darin, dass sich die Unglückseligen in der freien Natur körperlich betätigen sollten. Er glaubte fest daran, dass schon allein die Erhabenheit der Natur – insbesondere der Berge – sie zu besseren Menschen heranreifen lassen würden. Die von ihm begründete Erlebnispädagogik setzt darauf, dass eindrucksvolle, emotional geprägte Erlebnisse die Persönlichkeit des Menschen formen. Dies wiederum wollte Kurt Hahn nicht zuletzt zu quasi-therapeutischen Zwecken nutzen. Ziel war dabei, verhaltensauffällige bzw. delinquente Jugendliche durch Erlebnisse in der Natur wieder auf den Pfad der Tugend zurückzuführen. Bis heute hält sich dieser Gedanke in der Erlebnispädagogik, in der man bisweilen mehrmonatige Interventionen mit jungen Straftätern in fernen Ländern durchführt.

**Outdoor-Training**

In den 90er Jahren erkannten die ersten Anbieter, dass sich unterhaltsame und erlebnisreiche Aktivitäten in der freien Natur auch im Bereich der Personalentwicklung vermarkten lassen. Die Angebote gehen heute sehr weit über das hinaus, was Kurt Hahn sich vorgestellt hat (vgl. Abb. 28). Den Kern der Aktivitäten stellen mehrtägige Expeditionen in die unberührte Wildnis – etwa in einen Urwald oder eine Wüste – dar. Die Teilnehmer arbeiten als Gruppe zusammen, um in gewisser Weise das gemeinsame Überleben zu sichern. Dabei kommen sie in ungewöhnliche Situationen, die ihnen im Büroalltag niemals begegnen würden. Weniger aufwendige Aktivitäten dauern manchmal nur ein bis zwei Tage und entsprechen der Anwendung einer Outdoor-Sportart, wie z. B. Bergwandern oder Kanufahren, wobei die Teilnehmer einer solchen Gruppe in der Regel keine nennenswerten Vorerfahrungen mit diesen Sportarten haben. In der noch stärker abgeschwächten Form haben wir es mit körperbezogenen Übungen zu tun, die nicht einmal zwangsläufig in der unberührten Natur stattfinden müssen. Beliebt sind beispielsweise künstlich angelegte Hochseilgärten oder Kletterwände. Manche Übungen, wie z. B. der Vertrauensfall – dabei muss man sich rücklings von einer kleinen Treppe o. Ä. in die Arme der übrigen Seminarteilnehmer fallen lassen –, lassen sich sogar in geschlossenen Räumen durchführen. Zum Teil werden einzelne Übungen auch in klassische Indoor-Seminare integriert, so dass man sich immer weiter von den Ursprüngen entfernt. Der kleinste gemeinsame Nenner ist am ehesten darin zu sehen, dass man immer in Gruppen aktiv wird und irgendetwas Ungewöhnliches ausprobiert.

Glaubt man den Versprechungen der Anbieter, so sind Outdoor-Trainings eine Art Wunderwaffe der Personalentwicklung. Durch den Besuch entsprechender Veranstaltungen sollen die Teilnehmer beinahe alles lernen können, was im beruflichen Kontext wichtig ist: Umgang mit Belastungen und Konflikten, offene und direkte Kommunikation, Toleranz, Prosozialität, Verantwortung, Kooperation, Führung, Eigeninitiative, Kreativität, Motivation, Lernfähigkeit, Teamfähigkeit, Problemlösefähigkeit und vieles mehr.

Wenn eine Methode so gut wie alles verspricht, ist man gut beraten, ihr mit großer Skepsis zu begegnen. Wie immer sollte man deutlich trennen zwi-

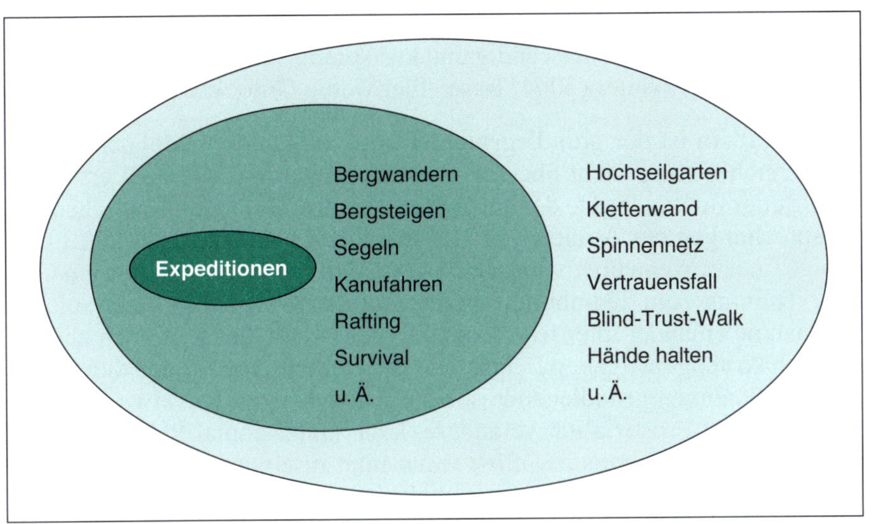


**Abbildung 28:**
Erlebnisorientierte Methoden im Überblick (aus Kanning, 2013d, S. 33)

schen den Versprechungen der Anbieter, dem theoretischen Modell, das der Methode zugrunde liegt, und den tatsächlichen Belegen für ihre Effektivität. Ein Blick in die einschlägige Forschung zeigt zunächst eine sehr geringe Anzahl von Studien, die sich auf berufliche Kontexte beziehen (vgl. Kanning, 2013d). Die allermeisten Studien beziehen sich auf Jugendliche, die z.T. mehrmonatige Maßnahmen durchlaufen, die sich sicherlich nicht einmal im Ansatz auf erlebnisorientierte Maßnahmen im beruflichen Kontext übertragen lassen. Fast alle verbleibenden Studien leiden unter schwerwiegenden methodischen Mängeln:

**Schwächen vorliegender Studien**

- Verwendung sehr kleiner und spezifischer Stichproben, die keine Generalisierung der Befunde ermöglichen.
- Verzicht auf eine Kontrollgruppe, sodass nicht klar ist, ob etwaige Effekte tatsächlich der Outdoor-Maßnahme zuzurechnen sind.
- Verzicht auf eine Voruntersuchung, sodass nicht klar ist, inwieweit sich überhaupt eine Veränderung ergeben hat.
- Untersuchung von extrem langen Outdoor-Maßnahmen, die nicht repräsentativ für den Alltag der Branche sind.
- Als Erfolgskriterium dienen allein die Selbstauskünfte der Trainingsteilnehmer, wobei die Qualität der verwendeten Fragebögen fragwürdig ist.
- Selektive Darstellung der Befunde in nicht wissenschaftlichen Publikationsorganen.
- Keine Überprüfung von mittel- und langfristigen Folgen.
- Kein Vergleich verschiedener Outdoor-Interventionen, sodass völlig unklar bleibt, ob bestimmte Methoden des Ansatzes anderen vorzuziehen wären.

– Kein Vergleich mit alternativen Methoden, wie z. B. Indoor-Trainings, die weitaus weniger aufwendig und kostspielig sind. Die Ergebnisse von Kanning und Winter (2004) lassen hier wenig Gutes erwarten.

Alles in allem ist der grundlegende Nutzen von Outdoor-Maßnahmen im PE-Bereich bislang nicht überzeugend belegt worden. Dies gilt erst recht für die enorme Bandbreite der unterschiedlichsten Methoden. Zwischen den Versprechungen der Anbieter und tatsächlichen Erkenntnissen klafft eine riesige Lücke. Wenn überhaupt, so ist bestenfalls zu erwarten, dass ein Outdoor-Training zum Teambuilding taugt, da die Kollegen in einer solchen Maßnahme einander intensiver kennenlernen. Auch dies ließe sich aber sicherlich kostengünstiger erreichen. Die Behauptung, man könne durch Outdoor-Maßnahmen grundlegende soziale Kompetenzen wie etwa Konfliktfähigkeit oder Prosozialität verändern, kann nicht einmal Plausibilität für sich in Anspruch nehmen. Selbst wenn man in einem Outdoor-Training etwas Vergleichbares lernen sollte, bliebe immer noch die große Hürde des Transfers: Die Lerninhalte müssten aus einer völlig andersartigen Umgebung in den Berufsalltag hinübergerettet werden, in dem sich die Rahmenbedingungen nicht verändert haben.

Insbesondere zur Entwicklung von Führungskompetenzen werden in den letzten Jahren immer wieder neue Methoden angeboten, die sich an der Schnittstelle zwischen beratungs- und erlebnisorientiertem Ansatz bewegen. All diesen Methoden ist gemeinsam, dass sie ihre vermeintliche Legitimation allein aus sprachlichen Assoziationen ableiten. So arbeiten z. B. Dirigenten als selbsternannte Führungsexperten, weil sie ihren Kunden erfolgreich glauben machen, man könne beim Führen eines Orchesters jedwede Form der Mitarbeiterführung lernen, schließlich ginge es ja hier wie dort um „Führung“. Wer eine erfolgreiche Führungskraft im Orchester ist, muss dieser assoziativen Logik folgend auch in allen anderen Führungskontexten erfolgreich sein. Dies widerspricht natürlich den grundlegenden Erkenntnissen der Führungsforschung, wonach es gar nicht den einen Führungsstil gibt, der immer und überall in gleicher Weise von Erfolg gekrönt ist (vgl. Rosenstiel & Kaschube, 2014).

**Training mit Pferden**

Eine Methode, die auch in den Medien Beachtung findet, sind Führungskräftetrainings mit Pferden *(Horse Sense)*. Die Anbieter – in der Regel Reitlehrerinnen, Inhaber von Reitschulen o. Ä., die als selbsternannte Führungsexperten auftreten – versprechen ihren Kunden wahre Wunder. In nur einem einzigen Tag soll man seine eigene Rolle als Führungskraft grundlegend hinterfragen und dabei das Führungsverhalten optimieren können. Hierzu muss man nicht einmal reiten können. Die Klienten müssen lediglich mit Worten und Gesten ein Pferd in die gewünschte Richtung lenken. Schließlich reitet man ja auch nicht auf seinem Mitarbeiter, sondern beschränkt sich auf die Möglichkeiten der (nonverbalen) Kommunikation. Warum sollen aber gerade Pferde in besonderer Weise als Co-Trainer prädestiniert sein?

Hier die gängigen Argumente und einige kritische Anmerkungen (vgl. Kanning, 2013d):

- „Pferde reagieren viel sensibler als Mitarbeiter auf das Verhalten der Führungskraft." – Ist das tatsächlich so? Evolutionsbiologisch gedacht, wäre dies nicht besondere sinnvoll. Menschen sind z. B. in der Lage, das gesprochene Wort viel differenzierter zu deuten als ein Pferd. Das Pferd kann nur einen Bruchteil der von der Führungskraft ausgesendeten Informationen verarbeiten.
- „Pferde geben der Führungskraft ein ungeschminktes Feedback. Im Berufsalltag bekommt man – wenn überhaupt – nur geschönte Rückmeldungen von den eigenen Mitarbeitern." – Es ist sicherlich zutreffend, dass ein Pferd keine sozial erwünschte Selbstdarstellung betreibt. Aber sind seine Möglichkeiten zum Feedback im Vergleich zum Menschen nicht unfassbar reduziert? Das Pferd kann selbst nicht sprechen. Vielmehr ist es so, dass seine Körpersprache und rudimentäre Lautäußerungen von Menschen interpretiert werden müssen. Selbst wenn das Pferd uns etwas Differenziertes mitzuteilen hätte, würden wird dies kaum jemals erfahren.
- „Wer durch das Feedback des Pferdes in seiner Selbstreflexion gewachsen ist und daraufhin ein so sensibles Geschöpf wie ein Pferd erfolgreich durch einen Parcours lenken kann, wird mit den Mitarbeitern im Unternehmen keine Schwierigkeiten mehr haben." – Ist es nicht viel wahrscheinlicher, dass Pferde und Menschen ganz anders auf dieselbe Führungskraft reagieren, weil beide schlichtweg andere kognitive Möglichkeiten haben? Und selbst wenn die Großhirnrinde der Mitarbeiter keine Rolle spielen sollte, wird sich die Führungskraft im Berufsalltag nicht zwangsläufig anders verhalten müssen als im Umgang mit einem Pferd auf dem Übungsplatz? Beide Szenarien sind so massiv unterschiedlich, das ein Lerntransfer von der einen Welt in die andere mehr als unwahrscheinlich ist, sofern es überhaupt transferierbare Lerneffekte gibt.

Selbstverständlich gibt es keine empirischen Untersuchungen, die einen Nutzen von Horse Sense belegen. Die Tatsache, dass derartige Produkte überhaupt angeboten werden, verdeutlicht, wie irrational die Personalentwicklungsszene in weiten Teilen funktioniert. Mit seriösen Bemühungen, die sozialen Kompetenzen der Mitarbeiter und Führungskräfte zu entwickeln, hat all dies nichts zu tun. Wer solchen Angeboten nicht auf den Leim gehen will, ist gut beraten, die in Abbildung 27 genannten Punkte zu beherzigen.

### 4.3.5 Führung

Ein fünfter Zugang zur Entwicklung sozialer Kompetenzen wird oft als solcher gar nicht gesehen. Gemeint sind hier die Möglichkeiten einer Führungskraft, durch ihr Führungsverhalten auf die Entwicklung ihrer Mitarbeiter einzuwirken.

**Personalentwicklung durch Führung (nach Kanning, 2014a, S. 552)**

- *Expertenrolle:* Führungskraft hilft bei der Bewältigung neuer bzw. schwieriger Arbeitsaufgaben durch Erläuterungen und Verhaltensbeispiele
- *Delegation:* Führungskraft weist Mitarbeitern moderat anspruchsvollere Arbeitsaufgaben zu
- *Partizipation:* Führungskraft lässt einen Mitarbeiter, der später einmal Führungsaufgaben übernehmen soll, an ihrem Arbeitsalltag bzw. an einzelnen Arbeitsaufgaben teilhaben
- *Day-to-day-Feedback:* Führungskraft lobt im Arbeitsalltag bzw. gibt Hinweise zur Verbesserung
- *Leistungsbeurteilung und Mitarbeitergespräch:* Führungskraft gibt ein sehr fundiertes und systematisches Feedback in Bezug auf einen längeren Arbeitszeitraum
- *Zielsetzung:* Herausfordernde und präzise Arbeitsziele helfen den Mitarbeitern dabei, ihre Kompetenzen in eine gewünschte Richtung weiterzuentwickeln

**Expertenrolle der Führungskraft**

Im günstigsten Fall verfügt die Führungskraft selbst über hinreichende soziale Kompetenzen, um ihren Mitarbeitern als *Experte* zur Verfügung zu stehen. Nehmen wir das Beispiel eines Callcenters, in dem die Anrufe unzufriedener Kunden eingehen. Die Servicemitarbeiter müssen die Kunden beruhigen, konkret nach vorliegenden Problemen fragen, sich in die Perspektive des Kunden hineindenken, Lösungen anbieten, insgesamt ein positives Bild des Unternehmens vermitteln und vieles mehr. Sie dürfen dabei die Kritik nicht persönlich nehmen oder sich gar provozieren lassen. Im Gegenteil, sie sind diejenigen, die den Konflikt in eine konstruktive Richtung lenken sollen. Die Führungskraft könnte immer einmal wieder bestimmten Telefongesprächen der Mitarbeiter beiwohnen, um ihnen im Anschluss Tipps zur Verbesserung der Verhaltensstrategien mit auf den Weg zu geben. Besteht ein vertrauensvolles Verhältnis zwischen Führungskraft und Mitarbeitern, so kommen die Mitarbeiter vielleicht sogar aus eigenem Antrieb, um sich Rat zu holen. Zumindest teilweise schlüpft die Führungskraft dabei in eine Rolle, die der eines Coachs ähnelt.

**Aufgaben delegieren**

Weiterentwicklung ist zudem durch „Training on the Job" möglich. Hierzu *delegiert* die Führungskraft sehr bewusst anspruchsvolle Aufgaben an bestimmte Mitarbeiter, um ihnen auf diesem Wege die Möglichkeit zu geben, an den Aufgaben selbst zu wachsen. Schritt für Schritt können somit über Monate und Jahre hinweg soziale Kompetenzen weiterentwickelt werden. In unserem Beispielfall des Callcenters würde man einem Mitarbeiter über die Zeit hinweg zunehmend schwierigere Kunden anvertrauen. Zusätzlich käme vielleicht die Anleitung neuer Kollegen hinzu. Wichtig ist dabei, dass die Führungskraft das aktuelle Kompetenzniveau des Mitarbeiters stets im Auge behält, um Überforderungen zu vermeiden.

**Mitarbeiter partizipieren lassen**

Ähnlich gelagert ist das Führungsprinzip der *Partizipation*. Die Führungskraft beteiligt dabei die eigenen Mitarbeiter an wichtigen Entscheidungen. Dies ist nicht nur ein Akt der Wertschätzung, sondern lehrt die Mitarbeiter, Verantwortung für wichtige Entscheidungen zu übernehmen. Durch die Einbindung in Führungsentscheidungen sollte das Commitment steigen und somit auch die spätere Kritik an den Entscheidungen sinken. Zur Entwicklung sozialer Kompetenzen trägt das Führungsprinzip der Partizipation eher indirekt bei, etwa weil man sich innerhalb des Teams immer wieder aufs Neue eine gemeinsame Position erarbeiten muss und dabei grundlegende soziale Kompetenzen – Perspektivenübernahme, Zuhören, Wertepluralismus u. Ä. – trainiert.

**Leistungsbeurteilung**

In vielen Unternehmen gibt es *Leistungsbeurteilungsverfahren mit Mitarbeitergesprächen*. Ziel des Ganzen ist zum einen die Sicherstellung eines gleichbleibend hohen Leistungsniveaus, zum anderen die Motivierung und Weiterentwicklung der Mitarbeiter durch Feedback und Ausschüttung von Bonuszahlungen. Der Nutzen dieser Maßnahme steht und fällt mit der Qualität der Leistungsbeurteilung und des anschließenden Feedbacks (vgl. Lohaus & Schuler, 2014; Kanning et al., 2013). Ist die Leistungsbeurteilung nahe genug am alltäglichen Arbeitsverhalten der Mitarbeiter, so kann sie u. a. auch Defizite im Bereich der sozialen Kompetenzen aufdecken. Mögliche Indikatoren wären etwa die Menge und Häufigkeit der Konflikte, in die ein Mitarbeiter involviert ist, oder mögliche Kundenbeschwerden, die sich auf dessen Arbeitsbereich beziehen. Im Feedbackgespräch kann die Führungskraft konkrete Anregungen zur Verbesserung der Situation geben. Darüber hinaus dient das Ergebnis der Leistungsbeurteilung ggf. der Personalabteilung als Bedarfsanalyse zur Entwicklung eines individuellen Förderplans für den betroffenen Mitarbeiter.

**Day-to-day-Feedback**

Doch nicht nur das formalisierte, jährliche Feedbackgespräch ist eine potenzielle Quelle der Weiterentwicklung, auch das *Day-to-day-Feedback* kann eine solche Funktion übernehmen. Gemeint ist hiermit ein kontinuierliches Feedback, das immer wieder im Laufe des beruflichen Alltags von der Führungskraft an ihre Mitarbeiter gegeben wird, ohne dass es hierfür einen formalen Rahmen gäbe. Viele Mitarbeiter leiden geradezu darunter, dass sie im Alltag keine leistungsbezogene Rückmeldung von ihren Vorgesetzten bekommen bzw. Feedback immer mit negativen Rückmeldungen verbunden ist, weil viele Führungskräfte nach dem Prinzip „nicht gemeckert ist schon genug gelobt" verfahren. Das Day-to-day-Feedback muss nicht zwangsläufig auf Defizite verweisen. Es kann auch positive Verhaltensweisen verstärken, indem die Führungskraft beispielsweise ein Lob ausspricht, wenn sie mitbekommt, wie ein Mitarbeiter besonders vorteilhaft mit einem Kunden umgeht oder Kollegen unter die Arme greift.

Zielsetzung

Eine sechste Führungsstrategie, die u. a. der Entwicklung sozialer Kompetenzen dienen kann, ist die formalisierte *Zielsetzung*. Sie gehört zu den effektivsten Methoden zur Steigerung von Motivation und Leistung (vgl. Guzzo, Jette & Katzell, 1985). Zu unterscheiden ist zwischen der Zielsetzung, bei der die Verhaltensziele der Mitarbeiter für einen bestimmten Zeitraum von der Führungskraft vorgegeben werden, und der Zielvereinbarung, bei der man die Verhaltensziele gemeinsam mit den betroffenen Mitarbeitern festlegt. Der letzteren Variante ist der Vorzug zu geben, wobei aber auch die klassische Zielsetzung gute Erfolge zeigt (Klein, Wesson, Hollenbeck & Alge, 1999). Unabhängig von der Frage, wie die Ziele zustande gekommen sind, ist es von zentraler Bedeutung, dass sie präzise formuliert werden und anspruchsvoll sind (Kleingeld, van Mierlo & Arends, 2011). Nur wenn allen Beteiligten klar ist, worin genau das Ziel besteht, wissen sie auch, in welche Richtung zu laufen ist bzw. inwieweit das Ziel erreicht wurde. Nur anspruchsvolle Ziele fördern eine hohe Anstrengungsbereitschaft. Sehr wichtig ist zudem ein eindeutiges Feedback über den Grad der Zielerreichung (Neubert, 1998). Dies ist die Aufgabe der Führungskraft. Will man durch das Feedback bei den Mitarbeitern eine Verhaltensveränderung erreichen, muss die Führungskraft von sich aus konkrete Vorschläge zur Veränderungen des Verhaltens einzelner Mitarbeiter unterbreiten (Kanning & Rustige, 2012).

Alles in allem betrachtet, gibt es mithin viele Möglichkeiten, die sozialen Kompetenzen bzw. das Sozialverhalten der Mitarbeiter im Zuge der Personalentwicklung zu verbessern. Die Trennung der verschiedenen Methoden ist in gewisser Weise künstlich. Erfolgreiche Maßnahmen stellen oft eine Mischform dar, bei der zunächst sozial relevantes Wissen vermittelt wird. Anschließend erhält der Mitarbeiter die Gelegenheit, sein eigenes Verhalten durch praktische Übungen zu verändern. Dabei macht er zwangsläufig neue Erfahrungen (Selbstbild-Fremdbild-Vergleich, Perspektivenübernahme etc.), die seine Sicht sozialer Interaktionen verändern können. Sofern das Verhalten jedes Trainingsteilnehmers individuell analysiert wird, erhält jeder Teilnehmer eine individuelle Beratung, die bei Bedarf auch über den eigentlichen Trainingstermin hinaus weiter fortgeführt werden kann. In diesen Prozess sollten die Führungskräfte entsprechend ihrer Fähigkeiten integriert werden.

## 4.4 Qualitätssicherung

Bei naiver Betrachtung hängt der Erfolg einer Maßnahme zur Förderung sozialer Kompetenzen allein von den Inhalten ab. Verbessert sich das kritische Verhalten der Teilnehmer nicht spürbar, ist die Maßnahme nicht gut genug gewesen – so ist man jedenfalls versucht zu glauben. Bei näherer Betrachtung wird jedoch sehr schnell deutlich, dass der Erfolg viele Väter hat.

Wer den Erfolg einer PE-Maßnahme sicherstellen will, darf sich daher nicht allein auf das Training o. Ä. konzentrieren. In Abbildung 29 haben wir die wichtigsten Bestimmungsstücke einer insgesamt erfolgreichen Maßnahme zur Verbesserung sozialer Kompetenzen zusammengefasst (vgl. Kanning, 2014a).

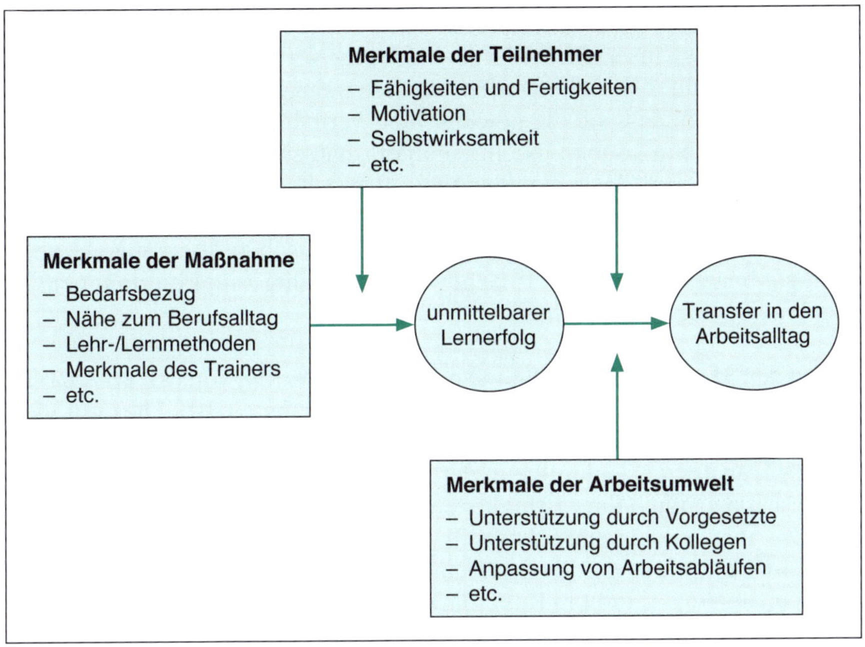


**Abbildung 29:**
Faktoren, die den Erfolg eine Entwicklungsmaßnahme beeinflussen

**Merkmale der PE-Maßnahme**

Die ersten Bestimmungsstücke betreffen die *Merkmale der Maßnahme*. Eine erfolgreiche Maßnahme führt dazu, dass die gelernten Inhalte tatsächlich im Arbeitsalltag angewendet werden. Diese Aufgabe ist umso schwieriger, je weiter die Trainingsinhalte bzw. das Setting (man denke hier an Outdoor-Trainings) von der Berufsrealität entfernt sind. Je ähnlicher die Trainingssituation der Arbeitssituation ist, desto größer ist der Transfererfolg (Baldwin & Ford, 1988). Eine erste wichtige Bedingung für ein erfolgreiches Training ergibt sich daher aus der Passung zwischen den vermittelten Lerninhalten und den Anforderungen des Alltags. Mit Hilfe einer Bedarfsanalyse muss im Vorhinein festgestellt werden, welche sozialen Kompetenzen überhaupt Gegenstand einer PE-Maßnahme sein sollen. Anschließend wird die Maßnahme genau so konzipiert, dass sie die vorhandenen Defizite in Angriff nimmt. So wäre es z. B. wenig hilfreich, wenn man den Führungskräften, die Schwierigkeiten mit der Durchführung von Mitarbeitergesprächen haben, ein allgemeines Kommunikationstraining anbieten würde. Zwar wird man hiermit wohl keinen großen Schaden anrichten, wohl aber wichtige Ressourcen verschwenden. Überdies läuft man Gefahr, die Trainingsteilnehmer zu verärgern, weil sie schon recht bald merken werden, dass das Training nicht hinreichend auf ihre Bedürfnisse zugeschnitten ist. Ein zweiter wichtiger Punkt betrifft die eingesetzten Methoden zur Vermittlung der Lerninhalte. Will man die Selbstreflexion der Teilnehmer stärken, sollte man sich nicht nur der Vortragsmethode bedienen, sondern auch Übungen zur Selbsterfahrung einsetzen. Will man konkretes Verhalten verändern, so darf man nicht nur über Verhalten reden, sondern muss den Teilnehmern die Gelegenheit geben, dass sie die gewünschten Verhaltensweisen möglichst realitätsnah einüben können. Nicht zu unterschätzen ist schließlich auch die Person des Trainers. Dass sie über eine entsprechende Fachkompetenz verfügt, versteht sich von selbst. Der Trainer muss darüber hinaus ausgeprägte didaktische Fähigkeiten besitzen, er muss Menschen überzeugen, wenn nicht gar begeistern können. Eine gewisse Begabung zum Entertainment ist dabei meist nicht von Nachteil.

**Merkmale der Teilnehmer**

Neben den Merkmalen der Maßnahme hängt der Erfolg von den *Merkmalen der Teilnehmer* ab (Blume, Ford, Baldwin & Huang, 2010). Dies gilt gleichermaßen für die Frage, ob die Teilnehmer überhaupt etwas lernen, als auch für den Transfer des Gelernten in den Berufsalltag. Die Teilnehmer können sich u. a. hinsichtlich ihrer Fähigkeiten unterscheiden. Sind die Unterschiede zwischen den Teilnehmern sehr groß, wird es leicht zu Unstimmigkeiten führen. Entweder orientiert sich der Trainer im Tempo der Veranstaltung an den Schwächeren und nimmt in Kauf, dass sich die Leistungsstärkeren langweilen oder er wählt die entgegengesetzte Strategie und überfordert die Leistungsschwächeren. Sinnvoller wäre es, wenn man von vornherein eine eher leistungshomogene Teilnehmergruppe zusammenstellt. Geringfügige Unterschiede können sich dabei insgesamt förderlich auswirken, weil die Leistungsstärkeren die Leistungsschwächeren gewissermaßen mit sich „nach oben“ ziehen. Generell sollte eine zumindest mittlere Motivation der Trainingsteilnehmer gewährleistet sein. Zwar kann der Trainer selbst durch Überzeugung sowie eine insgesamt attraktive Gestaltung der Veranstaltung zur Motivierung beitragen; völlig desinteressierte Teilnehmer oder gar solche, die in Opposition zur PE-Maßnahme stehen, gefährden den Erfolg des Trainings nicht nur für sich, sondern auch für andere. Bereits vor der Veranstaltung sollten die potenziellen Teilnehmer daher ausführlich über Inhalte, Ablauf und Zweck informiert werden. Eine freiwillige Teilnahme ist immer besser als eine, die nur auf Veranlassung des Vorgesetzten zustande kommt. Gleichwohl wäre es naiv, nur auf Freiwilligkeit zu setzen. Letztlich muss man sich auch um die Nichtfreiwilligen, die Demotivierten kümmern, denn nicht selten sind sie das schwächste Glied in der Kette. Dies geschieht aber sinnvollerweise nicht in einer Gruppenveranstaltung. Eine engere Führung oder ein Coaching könnten hier weiterhelfen. Steht die Veränderung des Verhaltens im Zentrum der Maßnahme, so ist ein hoher Transfererfolg vor allem dann zu erwarten, wenn die Teilnehmer über eine gewisse Selbstwirksamkeitsüberzeugung verfügen. Selbstwirksamkeit ist gegeben, wenn eine Person davon überzeugt ist, dass sie tatsächlich durch eigene Anstrengung das gewünschte Ziel erreichen kann (Bandura, 1986). Vergleichbar zur Motivation ist auch die Selbstwirksamkeitsüberzeugung durch den Trainer beeinflussbar. Erfährt ein Teilnehmer im Rahmen der Verhaltensmodellierung, dass er tatsächlich sein Verhalten ändern kann, so ist dies sicherlich die beste Voraussetzung für eine starke Selbstwirksamkeitsüberzeugung. Alles in allem spricht mithin einiges dafür, dass man sich vor dem Training nicht nur Gedanken über die Trainingsinhalte, sondern auch über die Teilnehmer macht. Eine gezielte Zusammenstellung der Teilnehmergruppe kann den Erfolg der Maßnahme deutlich steigern.

**Merkmale der Arbeitsumwelt**

Im Zuge des Transfers versucht der Mitarbeiter die gelernten Inhalte in die Praxis umzusetzen. Im Arbeitsalltag wird er mit Bedingungen konfrontiert, die einer Umsetzung des Gelernten nicht selten im Wege stehen. Zu diesen *Merkmalen der Arbeitsumwelt* gehören Vorgesetzte und Kollegen ebenso wie die Arbeitsprozesse selbst (Blume, Ford, Baldwin & Huang, 2010). Hat beispielsweise ein Polizeibeamter ein Training zur Verbesserung des Sozialverhaltens im Umgang mit Bürgern besucht, so wird er das neu erworbene Verhalten wahrscheinlich schon nach kurzer Zeit ablegen, wenn er hierfür im Arbeitskontext keine Anerkennung findet. Möglicherweise sehen die Kollegen in den Bürgern keine Kunden, sondern eher Bittsteller oder potenzielle Straftäter, die sie als Vertreter der Obrigkeit überwachen müssen. Der Trainingsteilnehmer müsste in diesem Umfeld also erst Aufklärungsarbeit leisten, will er nicht Gefahr laufen, seine Kollegen gegen sich aufzubringen. Noch schwieriger wird die Situation, wenn der Vorgesetzte die Trainingsmaßnahme nicht unterstützt. In einem anderen Beispiel mag die Organisation der Arbeitsprozesse einer adäquaten Umsetzung der Lerninhalte im Wege stehen. Denken wir z. B. an einen Verkäufer, der gerade gelernt hat, wie man mit aufgebrachten Kunden umgeht. Ist die Filiale des Kaufhauses personell so schwach besetzt, dass er sich gar nicht genügend Zeit für den einzelnen Kunden nehmen kann, läuft seine Ausbildung ganz einfach ins Leere. Will man derartige Umsetzungsprobleme vermeiden, muss die Trainingsmaßnahme in ein Gesamtkonzept der Personal- und Organisationsentwicklung eingebettet werden. Die Führungskräfte müssen zumindest „auf Linie gebracht werden“, sofern sie nicht selbst an entsprechenden Schulungen teilnehmen (können). Die Schulung eines einzelnen Mitarbeiters sollte zugunsten einer Ausbildung ganzer Teams in den Hintergrund treten. Auf einer übergeordneten Ebene muss man sich darüber hinaus Gedanken machen, wie die Arbeitsprozesse ggf. zu verändern sind, damit sie dem Ziel eines veränderten Sozialverhaltens nicht nur nicht im Wege stehen, sondern es vielmehr unterstützen.

Salas, Tannenbaum, Kraiger und Smith-Jentsch (2012) geben in einem groß angelegten Überblick über Wirkfaktoren effektiver Trainingsmaßnahmen eine Vielzahl praktisch nützlicher Vorschläge, die in Tabelle 13 zusammengefasst sind. Sie beziehen sich sowohl auf die Vorbereitung eines Trainings als auch auf deren Durchführung sowie die anschließende Sicherstellung des Transfers.

**Tabelle 13:**
Maßnahmen zur Steigerung der Nützlichkeit von Trainingsmaßnahmen nach Salas et al. (2012; aus Kanning, 2014a, S. 536 f.)

**Maßnahmen zur Steigerung der Nützlichkeit von Trainings**

| Chronologie | Strategie | Maßnahmen |
|---|---|---|
| vor dem Training | Bedarfsanalyse | – Analyse der Arbeitsanforderungen (notwendiges Wissen, notwendige Kompetenzen etc.)<br>– Analyse der Organisation (Organisationskultur, Unterstützung von Veränderungsprozessen etc.)<br>– Analyse der Mitarbeiter (individueller Entwicklungsbedarf, individuelle didaktische Anpassungen des Trainings) |
| | Beeinflussung der Lernbedingungen | – Planung des Trainingszeitpunktes (Training möglichst unmittelbar vor der Nutzung der Inhalte in der Praxis; ggf. Auffrischungstraining)<br>– Kommunikation mit den Trainingsteilnehmern (realistische Erwartungen wecken, motivieren, Information über Unterstützungsmaßnahmen nach dem Training)<br>– Verpflichtungen deutlich machen (wichtige Trainings als verpflichtende Maßnahme ankündigen)<br>– Führungskräfte informieren (Vorgesetzte der Teilnehmer über Inhalt und Ziel des Trainings informieren) |
| während des Trainings | Denken beeinflussen | – Selbstwirksamkeit der Teilnehmer fördern (Mut machen, Leistung im Training verstärken)<br>– Lerneinstellung beeinflussen (Teilnehmer ermuntern, aktiv zu lernen, sich einzubringen)<br>– Motivieren (Aufzeigen, welchen Nutzen das Training für den Einzelnen hat) |
| | methodische Prinzipien | – effektives Design und Trainingsstrategie (Beispiele für gutes und schlechtes Verhalten geben, praktisches Einüben neuer Verhaltensweisen, Feedback geben etc.)<br>– Transfer vorbereiten (Lernbedingungen den Transferbedingungen anpassen; situiertes Lernen etc.)<br>– Selbstregulation fördern (Teilnehmer dazu anregen, eigenes Verhalten bewusst zu reflektieren und zu steuern)<br>– Fehler zulassen (geschützten Rahmen schaffen; Teilnehmer dürfen ausdrücklich Fehler im Training machen; Trainer hilft dabei, sie zu korrigieren) |
| | Technologie einsetzen | – Unterstützung durch den Computer (z. B. um Wissen zu vermitteln)<br>– Kontrollmöglichkeiten eröffnen (sicherstellen, dass auch bei individualisiertem Lernen am Computer wichtige Lernziele erreicht werden)<br>– Computersimulationen einsetzen (z. B. um komplexe oder gefährliche Situationen zu simulieren) |

Tabelle 13:
Fortsetzung

| Chronologie | Strategie | Maßnahmen |
|---|---|---|
| nach dem Training | Transfer sicherstellen | – Transferhindernisse beseitigen (sicherstellen, dass Teilnehmer Zeit und Gelegenheit haben, die Trainingsinhalte umzusetzen)<br>– Führungskräfte unterstützen (Vorgesetzte anhalten, Transferleistungen zu belohnen)<br>– Nachbesprechungen (Erfahrungsaustausch der Teilnehmer nach einer Praxisphase)<br>– Unterstützung geben (z. B. Arbeitsbedingungen verändern) |
| | Transfer evaluieren | – Ziel der Evaluation definieren (z. B. Optimierung eines bestehenden Trainings)<br>– Evaluation auf mehreren Ebenen (Reaktion, Lernen, Verhalten, Resultate, kognitiv, verhaltensbezogen etc.) |

## 4.5 Fazit

Neben der Personalauswahl und der gezielten Platzierung von Mitarbeitern im Unternehmen ist die Personalentwicklung die dritte wichtige Säule eines sozial kompetenten Verhaltens am Arbeitsplatz. Verfügen die Mitarbeiter nicht über hinreichende Kompetenzen, haben sich die Arbeitsbedingungen grundlegend verändert oder ist ein Mitarbeiter für zukünftige Aufgaben in seinen sozialen Kompetenzen noch nicht hinreichend qualifiziert, so hilft die Personalentwicklung bei der gezielten Beseitigung der Defizite. Hierzu stehen zahlreiche Methoden zur Verfügung, die vor allem in Kombination miteinander zielführend sein dürften. Neben der Vermittlung von sozial relevantem Wissen können die Mitarbeiter in Verhaltensübungen ihr eigenes Sozialverhalten sowie die Interaktion mit anderen Menschen systematisch hinterfragen. Die Verhaltensmodellierung hilft bei der Aneignung neuer Verhaltensweisen. Durch beständiges Wiederholen, gepaart mit einem systematischen Feedback, wird nicht nur Schritt für Schritt ein neues Verhalten aufgebaut, sondern auch ansatzweise automatisiert. Beratungsangebote sowie bewusste Interventionen der Führungskraft runden schließlich das Maßnahmenpaket ab. Der Coach hilft im Einzelfall oder in der Gruppe bei der Selbstreflexion und unterstützt längerfristig begleitend die Umsetzung der neuen Ziele am Arbeitsplatz. Von dauerhaftem Erfolg wird das Vorgehen jedoch nur dann gekrönt sein, wenn von Beginn an die Rahmenbedingungen bedacht und zum Positiven hin beeinflusst wurden. Es versteht sich eigentlich von allein, dass die Inhalte einer Entwicklungsmaßnahme auf die spezifischen Bedürfnisse bzw. Defizite der Teilnehmer zugeschnitten sind. Die Teilnehmergruppe sollte überlegt zusammengestellt und die einzelne Maßnahme in ein Gesamtkonzept der Personal- und Organisationsentwicklung eingebettet sein.

# 5 Fallbeispiele

Veränderungen im Bereich der sozialen Kompetenzen werden sinnvollerweise primär durch eine Kombination aus verhaltensorientierten und wissensorientierten Techniken in Gang gesetzt (vgl. Kap. 4). Alle der nachfolgend skizzierten Fallbeispiele für Trainingsmaßnahmen stehen in dieser Tradition. Sie decken dabei ein breites Spektrum üblicher Themen – von der Förderung kundenorientierten Verhaltens über die Führung von Mitarbeitern bis hin zur Professionalisierung von Mitarbeitergesprächen – ab.

## 5.1 Training zur Förderung der Kundenorientierung

Im Folgenden stellen wir zur Illustration ein Training vor, das im Auftrag einer Stadtverwaltung entwickelt wurde[3]. Die Teilnehmer waren Mitarbeiter des Amtes für Stadtplanung sowie des Amtes für Straßenbau mitsamt den dazugehörigen Führungskräften. Beide Ämter stehen häufig in der Kritik einzelner Bürger, die sich in der einen oder anderen Weise ungerecht behandelt fühlen. Die Kritikpunkte sind ebenso zahlreich wie vielfältig: Anwohner beschweren sich darüber, dass eine Straßenlaterne genau vor ihrem Schlafzimmerfenster steht oder dass die Bordsteinkante vor ihrem Haus zu hoch ist. Bürger aus Neubausiedlungen können nicht einsehen, dass sie sich an den Tiefbauarbeiten zur Erschließung des neuen Areals finanziell beteiligen müssen, während Bewohner bereits bestehender Siedlungen eine finanzielle Beteiligung an den Arbeiten zur Straßenausbesserung ablehnen. Wieder andere kritisieren irgendeinen Bebauungsplan. Wie auch immer der Problemfall im Einzelnen liegen mag, nahezu täglich werden die städtischen Angestellten mit aufgebrachten Bürgern konfrontiert, die sie freundlich und zuvorkommend behandeln sollten. Obwohl derartige Aufgaben täglich zu bewältigen sind, hat keiner der angestellten Architekten, Ingenieure und Verwaltungsexperten jemals eine Ausbildung in diesem Bereich erfahren. Diesem Defizit, das von einem der beiden Amtsleiter erkannt wurde, sollte nun mit einem Training begegnet werden.

Zur Vorbereitung des Trainings wurden insgesamt acht Interviews mit Mitarbeitern unterschiedlicher Verantwortungsbereiche geführt. Hierdurch konnte zum einen sichergestellt werden, dass sich die Trainingsentwickler ein realistisches Bild von der Arbeitswirklichkeit der Mitarbeiter machen konnten, zum anderen wurden die Relevanz einzelner Trainingsbausteine sowie die Erwartungen und Wünsche der Mitarbeiter hinterfragt. Auf der Basis der gewonnen Erkenntnisse entstand ein zweitägiges Training, dessen Ablauf in Tabelle 14 skizziert wird.

3 Das Training wurde gemeinsam mit Herrn Dipl.-Psych. Torsten Brandenburg und Herrn PD Dr. Meinald Thielsch entwickelt.

**Tabelle 14:**
Ablaufplan eines Trainings zur Steigerung der Kundenorientierung

| Uhrzeit | Inhalt | Methodik |
|---|---|---|
| | **Tag 1** | |
| 08:30 – 09:00 | – Begrüßung<br>– Vorstellungsrunde<br>– Überblick | – |
| 09:00 – 10:00 | Kundenzufriedenheit im Spiegel der Forschung:<br>– Definition<br>– Bedeutung für die Organisation<br>– Dienstleistungstriade (Kunde, Mitarbeiter und Organisation)<br>– Determinanten der Kundenzufriedenheit (Ist – Soll × Wert)<br>– allgemeine und spezifische Kundenzufriedenheit<br>– Basis-, Leistungs- und Begeisterungsfaktoren<br>– Interventionsmöglichkeiten | – Vortrag |
| 10:00 – 10:15 | Kaffeepause | |
| 10:15 – 12:30 | Kundenzufriedenheit bei der Stadtverwaltung:<br>– Was macht Zufriedenheit aus?<br>– Was macht Unzufriedenheit aus?<br>– Basis-, Leistungs- und Begeisterungsfaktoren<br>– Realisierbarkeit? | – Einzelarbeit<br>– Metaplantechnik<br>– Gruppen-diskussion |
| 12:30 – 13:30 | Mittagspause | |
| 13:30 – 17:00 | – Kommunikation per Brief, Mail und Telefon<br>– Umgang mit schwierigen Kunden am Telefon | – Vortrag<br>– Rollenspieltechnik<br>– Videofeedback |
| | **Tag 2** | |
| 8:30 – 11:00 | – Kommunikation im direkten Gespräch<br>– Umgang mit schwierigen Kunden im direkten Gespräch | – Vortrag<br>– Rollenspieltechnik<br>– Videofeedback |
| 11:00 – 11:15 | Kaffeepause | |
| 11:15 – 12:30 | – Beschwerdemanagement | – Vortrag<br>– Diskussion |
| 12:30 – 13:30 | Mittagspause | |
| 13:30 – 15:45 | Kundenzufriedenheit und Organisationskultur:<br>– Kunden- und Arbeitszufriedenheit<br>– Was erzeugt Arbeitszufriedenheit?<br>– Was muss sich ändern? | – Vortrag<br>– Kleingruppen-arbeit<br>– Diskussion |
| 15:45 – 16:00 | Kaffeepause | |
| 16:00 – 16:30 | – Tagebuch zur Verbesserung der Selbstkontrolle | – Vortrag |
| 16:30 – 17:00 | – Evaluationsfragebogen<br>– Feedbackrunde<br>– Verabschiedung der Teilnehmer | – |

**Tag 1** Nach der üblichen Begrüßungs- und Vorstellungsrunde folgte zunächst ein Theorieblock mit grundlegenden Modellen und Forschungsergebnissen zum Thema „Kundenzufriedenheit“ (z. B. Homburg, 2012). Ziel war eine systematische Auseinandersetzung mit dem Phänomen. Leitfragen waren dabei: Was ist eigentlich Kundenzufriedenheit? Warum sollte sich eine Organisation wie die Stadtverwaltung um ein kundenfreundliches Verhalten bemühen? Welche Formen der Kundenzufriedenheit können unterschieden werden und wie kommen sie zustande? Nach einer kurzen Pause ging es im zweiten Schritt um eine Übertragung der abstrakten Forschungsergebnisse auf den Anwendungsfall „Stadtverwaltung“. In Kleingruppen überlegten sich die Trainingsteilnehmer, wodurch bei ihren eigenen Kunden Zufriedenheit bzw. Unzufriedenheit entstehen kann. Wichtig war dabei die Unterscheidung in Basis-, Leistungs- und Begeisterungsfaktoren, die der Forschung zur Arbeitszufriedenheit entlehnt ist. Basisfaktoren repräsentieren Sachverhalte und Umgangsformen, die von den Kunden gewissermaßen als selbstverständlich angesehen werden, wie z. B. freundliche Begrüßung und Verabschiedung bei einem persönlichen Gespräch. Bemüht sich der Mitarbeiter um ein freundliches Auftreten, so führt dies nicht etwa zu Kundenzufriedenheit, sondern nur zu einer neutralen Einstellung. Mangelt es hingegen an solch grundlegenden Ritualen, resultiert Unzufriedenheit. Begeisterungsfaktoren sind hingegen Sachverhalte oder Verhaltensweisen, die völlig unüblich sind (z. B. könnte man dem Kunden eine Tasse Kaffee anbieten). Tritt das fragliche Ereignis nicht ein, so ändert sich nichts an der Stimmung des Kunden. Umgekehrt gilt jedoch, dass sein Auftreten sofort für ein gutes Klima sorgt – eben gerade weil der Kunde mit einem solch zuvorkommenden Service nicht gerechnet hat. Während die Basisfaktoren somit auf das Ausmaß der Unzufriedenheit, die Begeisterungsfaktoren hingegen nur auf das Ausmaß der Zufriedenheit Einfluss nehmen können, gilt für Leistungsfaktoren beides. Sind sie defizitär ausgeprägt, resultiert Unzufriedenheit. Eine deutlich positive Ausprägung erzeugt hingegen Zufriedenheit. Ein Beispiel hierfür könnte die mehr oder minder aktive Unterstützung des Bürgers bei der Lösung eines Problems sein. Wendet sich der Bürger mit einem Problem an die Stadtverwaltung (z. B. zu hohe Bürgersteigkante in der Toreinfahrt zu seinem Grundstück), so erwartet er selbstverständlich, dass der Mitarbeiter ihm hilft. Blockt der Mitarbeiter die Beschwerde einfach nur ab, resultiert eine starke Unzufriedenheit. Je aktiver der Mitarbeiter sich hingegen für eine möglichst schnelle und unbürokratische Lösung des Problems einsetzt, desto größer wird auch die Zufriedenheit des Kunden. Ziel der Übung war eine intensive Auseinandersetzung mit dem (vermuteten) Erleben der Kunden sowie der Frage, über welche Faktoren die Mitarbeiter der Stadtverwaltung direkt Einfluss auf die Zufriedenheit ihrer Kunden nehmen können. Wie zu erwarten war, erwies sich bei dieser Analyse der Kommunikationsstil der Mitarbeiter als eine der zentralen Variablen. Die zweite Hälfte des ersten Trainingstages wurde daher für die Auseinandersetzung mit dem Thema Kommunikation reserviert.

Nach dem Mittagessen wurden grundlegende Verhaltensregeln für die Kommunikation per Brief, E-Mail und Telefon präsentiert. Die Regeln entstammten der Fachliteratur. Im Zentrum der nachmittäglichen Aktivität stand die praktische Umsetzung der Verhaltensregeln für die Kommunikation per Telefon. Die Wahl fiel auf das Telefon, weil die Regeln für den Schriftverkehr sehr leicht durch Standardformulierungen umzusetzen sind, das direkte Gespräch mit dem aufgebrachten Kunden hingegen ein sehr flexibles Reagieren erfordert, das nicht einfach ohne Verhaltenstraining, allein aufgrund der Lektüre eines Lehrbuchtextes, umgesetzt werden kann. Das Verhaltenstraining bediente sich der Methode des Videofeedbacks. Ein Trainingsteilnehmer durchlief gemeinsam mit einem Trainer, der einen aufgebrachten Bürger am Telefon spielt, die Übung. Die Szene wurde aufgezeichnet und anschließend zur gemeinsamen Analyse erneut angeschaut. Der Trainingsteilnehmer hatte dabei die Möglichkeit, sein eigenes Verhalten einmal aus der Perspektive des Beobachters zu betrachten. Anschließend wurde die Szene erneut gespielt, wobei der Teilnehmer sich bemühte, sein Verhalten im zweiten Durchlauf kundenfreundlicher zu gestalten.

Am zweiten Tag wurde zunächst das Thema Kommunikation mit schwierigen Kunden fortgesetzt. Diesmal ging es um das direkte Gespräch mit dem Bürger, der die Amtsräume persönlich aufsucht und seinem Ärger Luft machen will. Nach einer kurzen theoretischen Auseinandersetzung stand erneut die Verhaltensübung mit Videofeedback im Zentrum des Geschehens. **Tag 2**

Im anschließenden Themenblock ging es nicht mehr um das Verhalten des einzelnen Mitarbeiters, sondern um strukturelle Maßnahmen, mit denen man die anfallenden Beschwerden managen kann. Den Teilnehmern wurden in Form eines Vortrags verschiedene Optionen eines effektiven und kundenfreundlichen Beschwerdemanagements vorgestellt (z. B. Einrichtung einer zentralen Beschwerdestelle mit geschultem Personal). Die Vorschläge aus der Literatur waren Gegenstand der sich anschließenden Diskussion, in der es vor allem um die Frage ging, welches System für die Stadtverwaltung realisierbar wäre.

Nach dem Mittagessen folgte ein weiterer Themenwechsel. Es wurde verdeutlicht, dass das Verhalten der Mitarbeiter gegenüber dem Kunden auch etwas mit dem Organisationsklima sowie der eigenen Arbeitszufriedenheit zu tun hat. Vergleichbar zum Beschwerdemanagement regte die Auseinandersetzung mit einigen grundlegenden Forschungsergebnissen eine Diskussion über die eigene Organisation an. Hierzu teilte sich die Trainingsgruppe in zwei Subgruppen. Die Mitglieder jedes Amtes diskutierten gemeinsam mit ihrem direkten Vorgesetzten, welche Veränderungen zu einem angenehmeren Arbeitsklima beitragen würden. Entsprechende Ideen wurden schriftlich fixiert.

Der letzte Themenblock diente der Transfersicherung. Die Trainingsteilnehmer sollten in die Lage versetzt werden, ihr eigenes Verhalten auch in

Zukunft kritisch zu hinterfragen und bewusst an den Grundsätzen einer kundenfreundlichen Orientierung auszurichten. Zu diesem Zwecke wurde ein Modell des Selbstmanagements präsentiert, das auf dem Ansatz von Kanfer (Kanfer, Reinecker & Schmelzer, 2000) beruht. Demzufolge sollten sich die Mitarbeiter vor dem Hintergrund des Trainings konkrete Ziele zur Verbesserung ihres eigenen Sozialverhaltens im Berufsalltag setzen. Anschließend überprüften sie in regelmäßigen Abständen mit Hilfe eines Tagebuches, ob sie die gesetzten Ziele erreicht haben oder warum dies ggf. nicht geschehen ist, und formulierten Zwischenziele für die nähere Zukunft, die sie bei der Verwirklichung des übergeordneten Zieles unterstützen sollten. Das Tagebuch half dabei, den Analyseprozess bewusst zu steuern und die eigenen Ziele ebenso explizit wie verbindlich festzuhalten.

Den Abschluss der Veranstaltung bildete ein kurzer Evaluationsbogen, der von allen Teilnehmern anonym ausgefüllt wurde, gefolgt von einer offenen Feedbackrunde für die Trainer und schließlich der Verabschiedung.

Wir sehen, in unserem Training ging es keineswegs nur um die Einübung spezifischer Fertigkeiten für einen kundenfreundlicheren Umgang mit dem Bürger. Das Training vermittelte auch grundlegendes psychologisches Wissen sowie praktische Systemlösungen für die gesamte Organisation. Die Reflexion des eigenen Verhaltens wurde gezielt gefördert und dies nicht nur im Hinblick auf den Umgang mit dem Bürger, sondern auch in Bezug auf das Miteinander von Kollegen und Vorgesetzten. Das Phänomen der Kundenorientierung wurde dabei aus verschiedenen Perspektiven beleuchtet und in einen organisationsbezogenen Gesamtzusammenhang eingebettet. Gerade diese breite wissenschaftlich untermauerte Sichtweise mag zu der hohen Akzeptanz des Trainings unter den Teilnehmern beigetragen haben.

## 5.2 Training zur Förderung sozial kompetenten Führungsverhaltens

Das zweite Training, von dem hier berichtet werden soll, wurde ebenfalls im Auftrag einer Stadtverwaltung entwickelt und durchgeführt (vgl. Kanning & Walter, 2003). Diesmal ging es um die sozialen Kompetenzen von Führungskräften. An der Veranstaltung nahmen 50 Führungskräfte der untersten beiden Führungsebenen aus allen Bereichen der Stadtverwaltung teil. Eine Besonderheit bestand darin, dass die Teilnehmer zwischen zwei Trainingsvarianten wählen konnten. In der ersten Variante wurde der Stoff wie allgemein üblich „am Stück“ über 1,5 Tage hinweg vermittelt, während er sich in der zweiten Variante auf 3×0,5 Tage verteilte. Die zweite Variante sollte den Führungskräften die Möglichkeit bieten, die Entwicklungsmaßnahme leichter in ihren Arbeitsalltag zu integrieren. Die Mehrheit entschied sich dann auch für diese Form des Trainings.

**massierte vs. verteilte Vermittlung der Inhalte**

Im Vorfeld des Trainings galt es zunächst, eine Bedarfsanalyse durchzuführen. Gemeinsam mit den Verantwortlichen der Stadtverwaltung wurde zu diesem Zweck ein Fragbogen entwickelt und allen 600 Mitarbeitern zur Bearbeitung vorgelegt (Rücklaufquote 50 %). Mit Hilfe des Fragebogens sollten die Mitarbeiter zum einen zehn soziale Kompetenzen ihrer direkten Vorgesetzten einschätzen (vgl. Tab. 15), zum anderen enthielt der Bogen Items zur Erfassung ihrer eigenen Arbeitszufriedenheit.

**Bedarfsanalyse**

**Tabelle 15:**
Beschreibung der im Fragebogen untersuchten sozialen Kompetenzen

| Kompetenz | Beschreibung |
|---|---|
| Delegation | Mitarbeitern eigene Verantwortungsbereiche übertragen |
| Perspektiven-übernahme | sich in die Person des Mitarbeiters, seine Arbeitsbedingungen, Wünsche etc. hineindenken können |
| Durchsetzungs-fähigkeit | Entscheidungen ggf. auch gegen den Widerstand anderer zum Ziel führen |
| Selbstkontrolle | sich im Griff haben; keinen starken Stimmungsschwankungen unterliegen |
| Partizipation | Mitarbeiter an wichtigen Entscheidungen teilhaben lassen |
| Soziale Unterstützung | sich um das persönliche Wohlergehen der Mitarbeiter sorgen, ihnen helfen |
| Gerechtigkeit | alle Mitarbeiter nach den gleichen, fairen Prinzipien behandeln |
| Team-orientierung | gemeinsam mit allen Mitarbeitern an einem Strang ziehen; nicht als Einzelkämpfer auftreten, sich für die Gruppe einsetzen |
| Kommunikation | das Gespräch mit den Mitarbeitern suchen, Entscheidungen erklären |
| Motivierung | Mitarbeiter zur Leistung anhalten, ihrer Anstrengungsbereitschaft einen Sinn geben |

Im Bereich der sozialen Kompetenzen wurde überdies zwischen Ist und Soll unterschieden. Der Ist-Wert beschreibt die von den Mitarbeitern wahrgenommenen sozialen Kompetenzen ihrer Vorgesetzten. Der Soll-Wert dokumentiert hingegen die Wünsche der Mitarbeiter im Hinblick auf dieselben Kompetenzen. Abbildung 30 gibt den Vergleich zwischen Ist und Soll wieder (Einschätzungsskala von 1 bis 4). Bei allen Kompetenzen lag der Soll-Wert signifikant über dem Ist-Wert. Allerdings war die jeweilige Diskrepanz durchaus unterschiedlich groß. Alle untersuchten Kompetenzen korrelierten zudem signifikant mit der Arbeitszufriedenheit der Mitarbeiter (.37 bis .67). Nehmen wir diese beiden Informationen zusammen, so wäre es sicherlich legitim, alle zehn Kompetenzen in der Personalentwicklung zu berücksichtigen. Für ein einzelnes Training wäre dies jedoch eine deutliche Überforderung. Das Training bezog sich daher nur auf fünf der zehn Kompetenzen. Hierbei handelte es sich um solche Kompetenzen, bei denen die Diskrepanz zwischen Ist und Soll besonders stark ausgeprägt ist: soziale Unterstützung, Gerechtigkeit, Teamorientierung, Kommunikationsfähigkeit und Motivierung der Mitarbeiter.

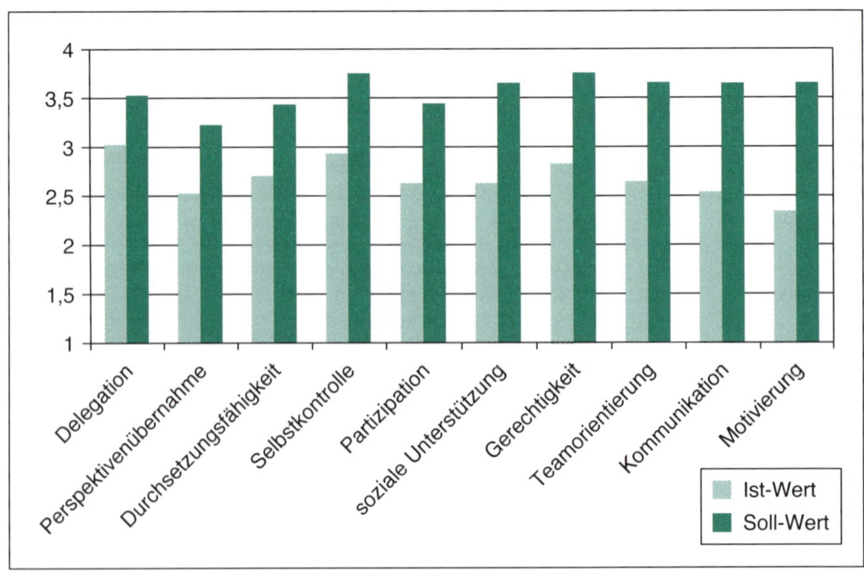


**Abbildung 30:**
Vergleich zwischen wahrgenommenen und gewünschten sozialen Kompetenzen der Führungskräfte

Zu jeder Kompetenz wurde im nächsten Schritt ein eigenes Trainingsmodul entwickelt. Die Vermittlung grundlegender Theorien und Erkenntnisse aus der psychologischen Forschung stand dabei gleichberechtigt neben der Anleitung zur Selbstreflexion und dem praktischen Einüben neuer Verhaltensweisen. Tabelle 16 gibt einen Überblick über die Inhalte der einzelnen Module sowie die verwendeten Methoden. Neben dem klassischen Fachvortrag kamen Diskussionen, Kleingruppenarbeiten, Rollenspiele und Videofeedback zum Einsatz.

**Förderung des Transfers**

Am Ende des Trainings musste jeder Teilnehmer für sich allein drei Ziele im Hinblick auf die Veränderung des eigenen Verhaltens gegenüber den Mitarbeitern formulieren und in ein vorgefertigtes Formular eintragen. Jedes Formular kam anschließend in einen Briefumschlag, der mit der Adresse der Führungskraft versehen war. Sechs Wochen nach dem Training bekam jeder Teilnehmer diesen Brief, den er gewissermaßen an sich selbst geschrieben hatte, zugesandt. Hierdurch erhofften wir uns eine Verbesserung der Transferleistung: Zum einen kann sich der Teilnehmer noch einmal mit einzelnen,

**Tabelle 16:**
Inhalte und Methoden des Trainings

| Kompetenzbereich | Inhalte | Methoden |
|---|---|---|
| soziale Unterstützung | – Kennzeichen sozialer Unterstützung im Umgang mit Mitarbeitern<br>– förderliche und hemmende Faktoren prosozialen Verhaltens | – Folienvortrag<br>– Analyse des Umgangs mit eigenen Mitarbeitern<br>– Bearbeitung situativer Items zum Umgang mit Mitarbeitern<br>– Diskussion |
| Gerechtigkeit | – Austauschtheorie<br>– drei Prinzipien der Verteilungsgerechtigkeit<br>– Gerechtigkeits- und Ungerechtigkeitserleben<br>– Konfliktlösung und Gerechtigkeit | – Folienvortrag<br>– Diskussion<br>– Rollenspiel |
| Teamorientierung | – Führungsstile nach Blake und Mouton<br>– Reifegradansatz<br>– aktives Zuhören<br>– Konfliktverhalten | – Folienvortrag<br>– Rollenspiel der Trainer<br>– Zurufliste<br>– Diskussion<br>– Videofeedbackübung |
| Kommunikation | – Sender-Empfänger-Modell<br>– Kommunikationskanäle<br>– Missverständnisse<br>– zielorientierte Gesprächsführung | – Folienvortrag<br>– Diskussion<br>– Analyse von Kommunikationsproblemen am Arbeitsplatz<br>– Übung zur Informationsweitergabe im Arbeitsfeld<br>– Erstellung eines Gesprächsleitfadens |
| Motivierung | – Wert-mal-Erwartungs-Theorie<br>– Bedürfnishierarchie<br>– Ableitung von Motivationsmaßnahmen<br>– Feedback | – Folienvortrag<br>– Kleingruppenarbeit<br>– Diskussion<br>– Verhaltenstraining zum Feedback |

ihm besonders wichtig erscheinenden Inhalten des Trainings auseinandersetzen und sie auf die eigene Person beziehen. Zum anderen hilft die Zielsetzungsmethode bei der praktischen Umsetzung der gelernten und für wichtig befundenen Inhalte, indem sie das Selbstmanagement der Teilnehmer fördert.

**Evaluation**

Unmittelbar im Anschluss an die Zielsetzungsübung bekamen die Teilnehmer einen kurzen Evaluationsfragebogen ausgehändigt. Auf einer sechsstufigen Einschätzungsskala sollten sie damit ihre Meinung zum Training dokumentieren. Die Fragen richteten sich auf sechs Aspekte des Trainings (vgl. Tab. 17). Zusätzlich enthielt der Fragebogen einige offene Fragen zur Erfassung konkreter Verbesserungsvorschläge. Insgesamt wurde das Training sehr positiv bewertet.

**Tabelle 17:**
Bereiche und Beispielitems aus dem Evaluationsfragebogen

| Bereich | Beispielitem |
|---|---|
| Trainer-verhalten | – Die Trainer drückten sich verständlich aus.<br>– Es gelang den Trainern, mich zu motivieren.<br>– Den Einsatz *mehrerer* Trainer fand ich insgesamt positiv. |
| Organisation | – Die Informationen über die Veranstaltung im Vorfeld fand ich ausreichend. |
| zeitlicher Ablauf | – Der Zeitrahmen der Veranstaltung war großzügig kalkuliert.<br>– Die Anzahl und Länge der Pausen war zu gering. |
| Trainings-inhalte | – Die Inhalte waren gut verständlich.<br>– Die Inhalte erschienen mir zu knapp thematisiert. |
| Trainings-methoden | – Die Gestaltung der Folien war ansprechend.<br>– Allgemein gab es im Verhältnis zu den Inhalten zu wenige Übungen. |
| Alltagsbezug | – Der Bezug zum Berufsalltag war immer gegeben.<br>– Das Gelernte kann ich zukünftig im Alltag gut umsetzen. |

Bei der Bewertung des Trainings dürfen wir nicht aus den Augen verlieren, dass unsere Form der Evaluation lediglich die subjektiven Reaktionen der Teilnehmer erfasst. Wir erfahren auf diese Weise nichts über den tatsächlichen Lernerfolg, die Transferleistung oder gar den wirtschaftlichen Nutzen der Maßnahme (vgl. Kirkpatrick, 1960). Es ist durchaus möglich, dass den Teilnehmern ein Training besonders gut gefallen hat, sich aber dennoch kein Lerngewinn nachweisen lässt (vgl. Kanning & Winter, 2004). Dennoch ist eine derartig einfach gestrickte Evaluation besser als gar keine, denn schließlich möchte man ja nicht nur effektive Trainings, sondern auch solche, die den Trainingsteilnehmern gefallen. Hierin spiegeln sich nicht zuletzt auch die sozialen Kompetenzen des Trainers wider.

Eine aussagekräftige Evaluation würde einen Vergleich zwischen zwei Gruppen vornehmen: Gruppe 1 hätte das Training durchlaufen, während Gruppe 2 ohne Training als Kontrollgruppe dienen würde. Bereits vor dem Training wären beide Gruppen – z. B. durch ein Assessment-Center – hinsichtlich der relevanten Kompetenzen untersucht worden. Gleiches wäre nach dem Training erfolgt. Darüber hinaus wäre es wünschenswert, wenn man nicht nur die Veränderungen im Sozialverhalten, sondern zusätzlich auch die Auswirkungen auf die Arbeitsumwelt untersucht hätte. Dies wäre z. B. durch Mitarbeiterbefragungen vor und nach dem Training möglich gewesen. Im Idealfall ließe sich durch eine solche Evaluation nachweisen, dass die Gruppe der trainierten Führungskräfte ihre Kompetenzen bzw. ihr Sozialverhalten im Vergleich zur Kontrollgruppe weiterentwickelt hätten und dass dies auch einige Monate nach dem Training zu positiveren Bewertungen durch die unterstellten Mitarbeiter führt.

## 5.3 Training zur Professionalisierung von Feedbackgesprächen

Unser letztes Fallbeispiel bezieht sich ebenfalls auf den Führungskontext. Diesmal ging es jedoch um ein sehr spezifisches Führungsthema, nämlich die richtige Gestaltung von Feedbackgesprächen. Den Hintergrund der durchgeführten Trainings bildete die Einführung eines neuen Leistungsbeurteilungssystems in einer großen Behörde mit fast 1 200 Beschäftigten. Die durchweg verbeamteten Mitarbeiter der Behörde werden nach den gesetzlichen Vorschriften alle drei Jahre von ihrem direkten Vorgesetzten hinsichtlich ihrer Leistungen bewertet. Die Ergebnisse dieser Bewertungen fließen in die Personalakte ein und sind für spätere Beförderungen von besonderer Bedeutung.

**Leistungsbeurteilung**

An dieser Stelle soll nicht im Detail auf die wissenschaftlichen Hintergründe einer guten Leistungsbeurteilung eingegangen werden (vgl. hierzu Lohaus & Schuler, 2014). Auch im vorliegenden Fall fanden sich jedoch die üblichen Schwächen, unter denen viele „selbstgestrickte" Leistungsbeurteilungssysteme leiden:

- Die Auswahl von Leistungsdimensionen basierte nicht auf einer Analyse der verschiedenen Arbeitsplätze, sondern allein auf Plausibilitätsbetrachtungen. Dabei wurde darauf geachtet, dass für alle Arbeitsplätze dieselben Leistungsdimensionen herangezogen werden. Angesichts der Bandbreite der Arbeitsplätze – vom Müllwagenfahrer über die Sachbearbeitung im Sozialamt und den Veterinärmediziner bis hin zum promovierten Verwaltungsjuristen – führte dies zu extrem abstrakten Definitionen, die auf keinen Arbeitsplatz gut zugeschnitten sind.
- Jeder Mitarbeiter musste bezogen auf jede Leistungsdimension von seiner Führungskraft auf einer siebenstufigen Skala beurteilt werden, wobei kein klarer und auch kein einheitlicher Bewertungsmaßstab vorgegeben war. Letztlich legte mithin jede Führungskraft für sich selbst fest, für welche Leistung sie welchen Punktwert vergab.
- In ihrer Not interpretierten viele Führungskräfte die Punktskala im Sinne einer Rangordnungsskala: Die besten Mitarbeiter erhielten die höchsten Punktwerte, während die übrigen Mitarbeiter entsprechend weniger Punkte bekamen. Hatte ein Mitarbeiter in Abteilung A das Pech, dass seine Kollegen besonders leistungsstark waren, erhielt er vielleicht nur fünf Punkte, obwohl er für dieselbe Leistung in Abteilung B sieben Punkte bekommen hätte, weil er dort zu den besten Mitarbeitern gezählt hätte.
- Die Führungskräfte ließen in ihre Bewertungen Überlegungen einfließen, die nichts mit der tatsächlichen Leistung am Arbeitsplatz zu tun hatten. Beispielsweise erhielten Teilzeitbeschäftigte grundsätzlich geringere Punktwerte, weil sie weniger Zeit am Arbeitsplatz verbrachten. Ob sie in dieser Zeit ggf. ein besonders hohes Leistungsniveau erreichten, interessierte nicht.

- Alle Punktwerte, die ein Mitarbeiter auf den einzelnen Beurteilungsskalen erzielt hatte, wurden am Ende gemittelt. Hierdurch gingen Informationen über spezifische Stärken und Schwächen verloren, schwache Leistungen auf der Dimension A konnten mit besonderen Stärken auf der Dimension B rechnerisch kompensiert werden, auch wenn dies im realen Leben gar nicht möglich ist. So ließ sich beispielsweise mangelnde Sorgfalt durch hohe Teamfähigkeit an den meisten Arbeitsplätzen kaum sinnvoll ausgleichen.
- Ganz grundsätzlich wurde die Skala von den Führungskräften nicht ausgeschöpft. Fast alle Bewertungen bezogen sich nur auf die obersten drei Skalenpunkte. Die Führungskräfte trauten sich nicht, deutliche Minderleistung als solche zu benennen.

Zunächst wurde in einem groß angelegten Projekt ein komplett neues Leistungsbeurteilungssystem entwickelt, dass die genannten Schwächen nicht mehr aufweist (vgl. Kanning, 2013f). Bevor die mehr als 100 Führungskräfte das neue Instrumentarium zum ersten Mal in der Praxis einsetzen konnten, musste jeder an einer eintägigen Schulung teilnehmen. Tabelle 18 gibt die Struktur des Trainingstages wieder.

**Tabelle 18:**
Ablauf des Trainings zum Thema Leistungsbeurteilung

| Uhrzeit | Inhalt | Methodik |
|---|---|---|
| 09:00 – 09:15 | – Begrüßung<br>– Vorstellungsrunde<br>– Überblick | – |
| 09:15 – 10:00 | – Vorstellung des neuen Leistungsbeurteilungssystems | – Vortrag<br>– Diskussion |
| 10:00 – 11:00 | – Beurteilungsfehler | – Vortrag<br>– Übung |
| 11:00 – 11:15 | Kaffeepause | |
| 11:15 – 12:00 | – Umgang mit den neuen Skalen zur Leistungsbeurteilung | – Übung |
| 12:00 – 13:00 | Mittagspause | |
| 13:00 – 14:00 | – Ablauf eines Feedbackgesprächs<br>– Gesprächsführungstechniken | – Vortrag<br>– Diskussion |
| 14:00 – 17:00 | – Durchführung von Feedbackgesprächen | – Übung mit Feedback |
| 17:00 – 17:15 | – Abschlussrunde | – |

Der Vormittag war ganz dem neuen Leistungsbeurteilungssystem gewidmet. Hier ging es vor allem darum, die Vorzüge des neuen Systems gegenüber dem alten herauszustellen. Dies war insbesondere bei den älteren Führungskräften, die mit dem alten System über viele Jahre hinweg gearbeitet hatten, eine wichtige Aufgabe, zumal das neue System ihre Freiheit – die Mitarbeiter würden wohl eher von „Willkür" sprechen – deutlich einschränkte (vgl. Kanning et al., 2013):

- Ähnliche Arbeitsplätze wurden zu Clustern zusammengefasst. Für jedes Cluster wurde eine Anforderungsanalyse durchgeführt, aus der sich dann stellenspezifische Leistungsdimensionen ergaben.
- Die Bewertung einzelner Dimensionen erfolgt nun über verhaltensverankerte Beurteilungsskalen, wodurch ein jeweils verbindlicher Bewertungsmaßstab entstand.
- Die Mitarbeiter werden nun nicht mehr in Relation untereinander bewertet, sondern bezogen auf diesen absoluten Bewertungsmaßstab.
- Den Mitarbeitern liegen die Beurteilungsskalen vor, hinsichtlich derer ihre individuelle Leistung bewertet wird.
- Sie können etwaige Fehlbeurteilungen einer Schiedsstelle melden, die dann ein Gespräch mit der Führungskraft und dem betroffenen Mitarbeiter führt.
- Die Vergabe der Leistungspunkte wird in der Personalabteilung statistisch ausgewertet, so dass Führungskräfte identifiziert werden, die extrem hohe Punktwerte vergeben. Die Punktwerte müssen dann ggf. korrigiert werden.
- Führungskräfte, die sich nicht an die Regeln halten, müssen eine Nachschulung durchlaufen.

**Nikolauseffekt**

Neben der Vorstellung und Begründung des neuen Systems wurde auf grundlegende Beurteilungsfehler eingegangen. Hierzu gehört z. B. der sogenannte „Nikolauseffekt", der besagt, dass die Führungskräfte bei ihrer Bewertung nicht den gesamten Beurteilungszeitraum, sondern nur die letzten Wochen und Monate heranziehen. Hierdurch geht viel Information verloren und die Mitarbeiter haben darüber hinaus die Chance, durch besonders konformes Verhalten in den kritischen Wochen ihre eigene Bewertung deutlich zu verbessern.

Zum Abschluss des Vormittags füllten alle Führungskräfte für einen konkreten Mitarbeiter die passenden Beurteilungsskalen aus. Anschließend wurden im Plenum mögliche Probleme besprochen und letzte Fragen beantwortet.

Nach dem Mittagessen ging es um das Thema Feedbackgespräch. Da die Leistungsbeurteilung der Weiterentwicklung der Mitarbeiter dienen soll und nicht nur einen formalen Akt repräsentiert, ist es wichtig, dass die Führungskräfte ihre Bewertungen so kommunizieren, dass die Mitarbeiter daraus etwas lernen können. Dies wiederum setzt zunächst einmal voraus, dass die Bewertung nachvollziehbar ist und in einer Art und Weise vorgetragen wird, die keine Reaktanz erzeugt. Gerade in der Phase der Umstellung auf das neue Leistungsbeurteilungssystem kommt dem Feedbackgespräch eine besondere Bedeutung zu. Viele Mitarbeiter mussten damit rechnen, dass ihre

Leistungen durch die neuen Bewertungsmaßstäbe nicht mehr mit Spitzenpunktwerten bewertet werden. Früher hatten sich viele Führungskräfte vor der unangenehmen Aufgabe gedrückt, indem sie einfach überwiegend sechs oder sieben Punkte (auf einer siebenstufigen Skala) vergeben haben. Im neuen System steht der Punktwert 3 (in einem System mit fünf möglichen Punkten) für eine gute Leistung, die dem Gehalt des Arbeitgebers entspricht. Der Punktwert 5 ist auf jeder Leistungsdimension absichtlich so extrem definiert, dass er nur äußerst selten vergeben werden kann.

Neben einem Theorie-Input, der sich auf die Grundlagen der Kommunikation und Gesprächsführung sowie gängige Feedbackregeln bezog (ausführlich: Kanning et al., 2013), stand das praktische Einüben der Feedbackgespräche im Zentrum des Nachmittags. Hierzu wurde die Gesamtgruppe von bis zu 18 Führungskräften in drei Kleingruppen eingeteilt. In jeder Kleingruppe mussten die Führungskräfte der Reihe nach ein etwa 15-minütiges Feedbackgespräch simulieren. Genau genommen handelte es sich natürlich nur um Ausschnitte eines Feedbackgesprächs:

**Feedbackgespräch**

1. Begrüßung des Mitarbeiters und Auftakt des Gesprächs,
2. Feedback bezogen auf eine Leistungsdimension, auf der der Mitarbeiter gut abgeschnitten hat,
3. Feedback einer weniger guten Leistung,
4. Abschluss des Gesprächs.

Die Rolle der Mitarbeiter übernahmen jeweils Kollegen. Nach dem Rollenspiel erhielten die Führungskräfte der Reihe nach ein Feedback für ihr Verhalten von der Person, die den Mitarbeiter gespielt hatte, von den übrigen Kollegen sowie vom Trainer. Zur besseren Strukturierung des Feedbacks wurde hierzu ein Protokollbogen eingesetzt, den die Beobachter während des Rollenspiels auszufüllen hatten. Je nachdem, wie weitreichend die Kritikpunkte der Beobachter ausfielen, wurde im Anschluss das Rollenspiel noch einmal durchgeführt, damit die Führungskraft die Gelegenheit erhielt, ein neues Verhalten auszuprobieren.

**Evaluation**

Begleitet wurde das gesamte Projekt von einer Evaluationsstudie. Unmittelbar nach den realen Feedbackgesprächen füllten alle Mitarbeiter und alle Führungskräfte einen Evaluationsbogen aus, der sich auf das neue Beurteilungssystem, die Implementierung des Systems (Partizipation der Mitarbeiter, Informationsveranstaltungen etc.) sowie die Feedbackgespräche bezog. Abbildung 31 gibt einen Auszug aus den Ergebnissen wieder (ausführlicher: Kanning et al., 2013). Hier zeigt sich, dass die Zufriedenheit der Mitarbeiter mit dem neuen Beurteilungssystem auch maßgeblich von der Qualität der Feedbackgespräche abhängt. Je differenzierter das Feedback ausfällt, je respektvoller die Führungskraft in diesem Gespräch mit ihrem Mitarbeiter umgeht, je mehr ein Dialog zwischen den beiden Personen entsteht und je klarer die Führungskraft eine Entwicklungsperspektive aufzeigt, desto zufriedener sind die Mitarbeiter mit dem neuen Leistungsbeurteilungssystem. Die Bereitschaft der Mitarbeiter, ihr eigenes Verhalten nach dem Feedbackgespräch zu verändern, hängt vor allem davon ab, inwieweit die Führungskraft Vorschläge zur Veränderung unterbreitet (Kanning & Rustige, 2012).

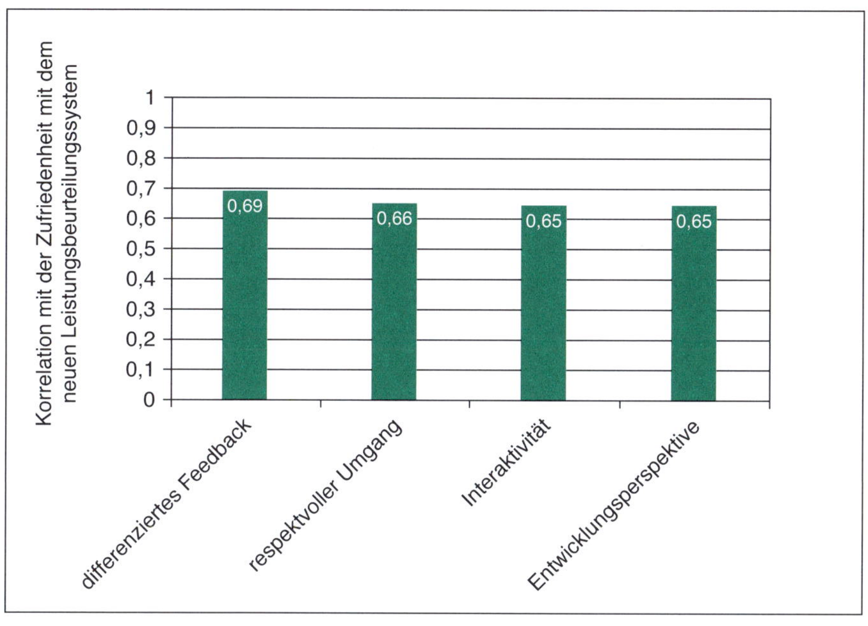


**Abbildung 31:**
Zusammenhang zwischen wahrgenommenen Merkmalen des Feedbackgesprächs und der Zufriedenheit der Mitarbeiter mit dem Leistungsbeurteilungssystem

Auch unser zuletzt skizziertes Training sozialer Kompetenzen ist keineswegs optimal. Besser wäre es gewesen, Videofeedback einzusetzen und jede Führungskraft die Szene mehrfach durchspielen zu lassen. Dies setzt allerdings voraus, dass sich die Führungskräfte mehr als nur einen Tag Zeit für die Schulung nehmen oder ihnen aber so viele Trainingstage angeboten werden, dass die Gruppengröße deutlich sinkt. Wie immer in der Personalarbeit stößt die fachliche Notwendigkeit hier an Grenzen, die der organisationale Rahmen vorgibt. Letztlich geht es darum zu wissen, wie eine optimale Intervention aussieht, damit man sich auch gezielt dafür einsetzen kann, möglichst viel hiervon in der Praxis zu realisieren. Wer nicht einmal weiß, wie eine gute Maßnahme zur Entwicklung sozialer Kompetenzen aussieht, hat schon von vornherein verloren. Eine semiprofessionelle Maßnahme dürfte in der Regel aber immer noch mehr Nutzen entfalten als der Verzicht auf Interventionen zur Entwicklung sozialer Kompetenzen.

# 6 Literaturempfehlungen

Kanning, U.P. (2009). *Diagnostik sozialer Kompetenzen* (2. Aufl.). Göttingen: Hogrefe.

Ryschka, J., Solga, M. & Mattenklott, A. (2011). *Praxishandbuch Personalentwicklung: Instrumente, Konzepte, Beispiele* (3. Aufl.). Wiesbaden: Gabler.

# 7 Literatur


Alliger, G. M., Tannenbaum, S. I., Bennett, W. Jr., Traver, H. & Shotland, A. (1997). A meta-analysis of the relations among training criteria. *Personnel Psychology, 50,* 341–358. http://doi.org/10.1111/j.1744-6570.1997.tb00911.x

Anton, K.-H. & Weiland, D. (1993). *Soziale Kompetenz: Vom Umgang mit Mitarbeitern.* Düsseldorf: Econ.

Ardelt, E. & Berger, C. (1995). Frauen in Führungspositionen – Analyse und Konsequenzen neuer gesellschaftlicher Anforderungen. In B. Voß (Hrsg.), *Kommunikations- und Verhaltenstrainings* (S. 109–124). Göttingen: Hogrefe.

Argyle, M. (1967). *The psychology of interpersonal behavior.* London: Penguin.

Argyle, M. (1969). *Social interaction.* London: Methuen.

Arthur, W., Bennett, W., Edens, P. S. & Bell, S. T. (2003). Effectiveness of training in organizations: A meta-analysis of design and evaluation features. *Journal of Applied Psychology, 88,* 234–245. http://doi.org/10.1037/0021-9010.88.2.234

Asendorpf, J. B. (2002). Emotionale Intelligenz nein, emotionale Kompetenz ja. *Zeitschrift für Personalpsychologie, 3,* 180–181.

Baldwin, T. T. & Ford, J. K. (1988). Transfer of training: A review and directions for future research. *Personnel Psychology, 41,* 63–103. http://doi.org/10.1111/j.1744-6570.1988.tb00632.x

Bandura, A. (1986). *Social foundation of thought and action: A social cognitive theory.* Englewood-Cliffs, NJ: Prentice Hall.

Barbuto, J. E. Jr., Fritz, S. M., Matkin, G. S. & Marx, D. B. (2007). Effects of gender, education, and age upon leaders' use of influence tactics and full range leadership behaviors *Sex roles, 56,* 71–83. http://doi.org/10.1007/s11199-006-9152-6

Bargh, J. A. & Chartrand, T. L. (1999). The unbearable automaticity of being. *American Psychologist, 54,* 462–479. http://doi.org/10.1037/0003-066X.54.7.462

Barrick, M. R., Mount, M. K. & Judge, T. A. (2001). Personality and performance at the beginning of the new millennium: What do we know and where do we go next? *International Journal of Assessment and Selection, 9,* 9–29. http://doi.org/10.1111/1468-2389.00160

Becker, R. E. & Heimberg, R. G. (1988). Assessment of social skills. In A. Bellack & M. Hersen (Eds.), *Behavioral assessment* (pp. 365–395). Oxford: Pergamon Press.

Behrmann, M. (2013). *Verhandeln und Überzeugen* (Praxis der Personalpsychologie, Bd. 28). Göttingen: Hogrefe.

Bergmann, C. & Eder, F. (2005). *Allgemeiner Interessen-Struktur-Test (AIST-R) mit Umwelt-Struktur-Test (UST-R) – Revision.* Göttingen: Beltz Test.

Bierhoff, H. W. (2002). Prosoziales Verhalten. In W. Stroebe, K. Jona & M. Hewstone (Hrsg.), *Sozialpsychologie. Eine Einführung* (S. 319–351). Berlin: Springer.

Bing, M. N., Davison, H. K., Minor, I., Novicevic, M. M. & Frink, D. D. (2011). The prediction of task and contextual performance by political skill: A meta-analysis and moderator test. *Journal of Vocational Behavior, 79,* 563–577. http://doi.org/10.1016/j.jvb.2011.02.006

Blickle, G. & Solga, M. (2014). Einflusskompetenz, Konflikte, Mikropolitik. In H. Schuler & U. P. Kanning (Hrsg.), *Lehrbuch der Personalpsychologie* (3. Aufl., S. 985–1129). Göttingen: Hogrefe.

Bliemester, J. (1988). Empirische Überprüfung zentraler theoretischer Konstrukte des Neurolinguistischen Programmierens (NLP). *Zeitschrift für Klinische Psychologie, 17,* 21–30.

Blume, B.D., Ford, J.K., Baldwin, T.T. & Huang, J.L. (2010). Transfer of training: A meta-analytic review. *Journal of Management, 36,* 1065–1105. http://doi.org/10.1177/0149206309352880

Bono, J.E. & Judge, T.A. (2004). Personality and transformational and transactional leadership: A meta-analysis. *Journal of Applied Psychology, 89,* 901–910. http://doi.org/10.1037/0021-9010.89.5.901

Borgart, E.-J. (1985). Kognitive Prozesse und Selbstunsicherheit. *Zeitschrift für Klinische Psychologie, 14,* 185–199.

Borman, W.C., Penner, L.A., Allen, T.D. & Motowidlo, S.J. (2001). Personality predictors of citizenship performance. *International Journal of Selection and Assessment, 9,* 52–69. http://doi.org/10.1111/1468-2389.00163

Boyatzis, R.E. (2008). Emotional and social intelligence competencies. In N.M. Ashkonasy & C.L. Cooper (Eds.), *Research companion to emotions in organizations* (pp. 226–243). Northampton, MA: Edward Elgar Publishing.

Brandenburg, T. & Faber, T. (2007). Fehlermanagement-Training – Entwicklung sozialer Kompetenzen und der Umgang mit Fehlern in Risiko-Arbeitsbereichen. In U.P. Kanning (Hrsg.), *Förderung sozialer Kompetenzen in der Personalentwicklung* (S. 215–237). Göttingen: Hogrefe.

Buhrmester, D. (1996). Need fulfillment, interpersonal competence, and the development contexts of early adolescent friendship. In W.M. Bukowski, A.F. Newcomb & W.W. Hartup (Eds.), *The company they keep. Friendship in childhood and adolescence* (pp. 158–185). Cambridge, UK: Cambridge University Press.

Burke, M.J. & Day, R.D. (1986). A cummulative study of the effectiveness of managerial training. *Journal of Applied Psychology, 71,* 232–245. http://doi.org/10.1037/0021-9010.71.2.232

Burleson, B.R. & Samter, W. (1994). A social skills approach to relationship maintenance. In D.J. Canary & L. Stafford (Eds.), *Communication and relational maintenance* (pp. 61–90). San Diego, CA: Academic Press.

Cantor, N. & Harlow, R.E. (1994). Social intelligence and personality: Flexible life task pursuit. In R.J. Sternberg & P. Ruzgis (Eds.), *Personality and Intelligence* (pp. 137–168). Cambridge, UK: Cambridge University Press.

Christian, M.S., Edwards, B.D. & Bradley, J.C. (2010). Situational judgment tests: Constructs assessment and a meta-analysis of their criterion-related validities. *Personnel Psychology, 63,* 83–117. http://doi.org/10.1111/j.1744-6570.2009.01163.x

Crick, N.R. & Dodge, K.A. (1994). A review and reformulation of social information-processing mechanisms in children's social adjustment. *Psychological Bulletin, 115,* 74–101. http://doi.org/10.1037/0033-2909.115.1.74

Crisand, E. (2002). *Soziale Kompetenz als persönlicher Erfolgsfaktor.* Heidelberg: Sauer.

Cuadrado, I., Navas, M., Molero, F., Ferrer, E. & Morales, J.F. (2012). Gender differences in leadership styles as a function of leader and subordinates' sex and type of organization. *Journal of Applied Social Psychology, 42,* 3083–3113. http://doi.org/10.1111/j.1559-1816.2012.00974.x

Dorn, F.J., Atwater, M., Jereb, R. & Russel, R. (1983). Determining the reliability of the NLP eye-movement procedure. *American Mental Health Counselors Association Journal, 5,* 105–110.

DuBois, D.L. & Felner, R.D. (1996). The quadripartite model of social competence. In M.A. Reinecke, F.M. Dattilio & A. Freeman (Eds.), *Cognitive therapy with children and adolescents* (pp. 124–152). New York: Guilford.

Eder, G. (1996). „Soziale Handlungskompetenz" als Bedingung und Wirkung interkultureller Begegnung. In A. Thomas (Hrsg.), *Psychologie interkulturellen Handelns* (S. 411–422). Göttingen: Hogrefe.

Elprana, G., Stiehl, S., Gatzka, M. & Felfe, J. (2012). Gender differences in motivation to lead in Germany. In C. Quaiser-Ohl & M. Endepohl-Ulpe (Eds.), *Women's choice in Europe. Influence of gender on education, occupational career and family development.* Münster: Waxmann.

Emmerik, I. H. v., Euwema, M. C. & Wendt, H. (2008). Leadership behaviors around the world: The relative importance of gender versus cultural background. *International Journal of Cross Cultural Management, 8,* 297–315. http://doi.org/10.1177/1470595808096671

Emmerling, R. J. & Boyatzis, R. E. (2012). Emotional and social intelligence competencies: Cross cultural implications. *Cross Cultural Management, 19,* 4–18. http://doi.org/10.1108/13527601211195619

Etzel, S. & Küppers, A. (2000). *pro facts*. Nürnberg: pro facts assessment & training.

Fahrenberg, J., Hampel, R. & Selg, H. (2010). *Das Freiburger Persönlichkeitsinventar (FPI-R).* Göttingen: Hogrefe.

Faix, W. G. & Laier, A. (1989). *Soziale Kompetenz* (Beiträge zur Gesellschafts- und Bildungspolitik, Bd. 151). Köln: Institut der deutschen Wirtschaft.

Faix, W. G. & Laier, A. (1991). *Soziale Kompetenz: Das Potential zum unternehmerischen und persönlichen Erfolg.* Wiesbaden: Gabler.

Feldman, R. S., Philippot, P. & Custrini, R. J. (1991). Social competence and nonverbal behavior. In R. S. Feldman & B. Rimé (Eds.), *Fundamentals of Nonverbal Behavior* (pp. 329–350). Cambridge: Cambridge University Press.

Felfe, J. (Hrsg.). (2015). *Trends der psychologischen Führungsforschung. Neue Konzepte, Methoden und Erkenntnisse.* Göttingen: Hogrefe.

Felfe, J. & Franke, F. (2014). *Führungskräftetrainings.* Göttingen: Hogrefe.

Fennekels, G. P. (2003). *Multidirektionales Feedback-360° (MDF-360°).* Göttingen: Hogrefe.

Fennekels, G. P. & D'Souza, S. (1999). *Management-Fallstudien (MFA).* Göttingen: Hogrefe.

Ferris, G. R., Treadway, D. C., Kolodinsky, R. W., Hochwarter, W. A., Kacmar, C. J., Douglas, C. & Frink, D. D. (2005). Development and validation of the Political Skill Inventory. *Journal of Management, 31,* 126–152. http://doi.org/10.1177/0149206304271386

Ford, M. E. (1985). The concept of competence: Themes and variations. In H. A. Marlowe & R. B. Weinberg (Eds.), *Competence development* (pp. 3–49). Springfield, IL: Thomas Publishers.

Forgas, J. P. (1987). *Soziale Interaktion und Kommunikation.* Weinheim: Psychologie Verlags Union.

Fromme, D. K. & Daniel, J. (1984). Neurolinguistic programming examined: Imagery, sensory mode, and communication. *Journal of Counseling Psychology, 31,* 387–390. http://doi.org/10.1037/0022-0167.31.3.387

Fuchs, R. (1995). *Psychologie als Handlungswissenschaft.* Göttingen: Hogrefe.

Funke, U. & Schuler, H. (1998). Validity of stimulus and response components in a video test of social competence. *International Journal of Selection and Assessment, 2,* 115–123. http://doi.org/10.1111/1468-2389.00080

Gardner, H. (1991). *Abschied vom IQ: Die Rahmen-Theorie der vielfachen Intelligenzen.* Stuttgart: Klett-Cotta.

Geißler, J. (1995). *Szenische Medien.* Göttingen: Hogrefe.

Goleman, D. (2007). *Emotionale Intelligenz.* München: Deutscher Taschenbuch Verlag.

Grabowski, J. (Hrsg.). (2014). *Sinn und Unsinn von Kompetenzen: Fähigkeitskonzepte im Bereich von Sprache, Medien und Kultur*. Opladen: Budrich.

Graf, A. (2002). Schlüsselqualifikation soziale Kompetenz: Eine Vergleichsstudie in deutschen und US-amerikanischen Versicherungsunternehmen. *Zeitschrift für Personalforschung, 16,* 376–391.

Greif, S. (1987). Soziale Kompetenzen. In D. Frey & S. Greif (Hrsg.), *Sozialpsychologie. Ein Handbuch in Schlüsselbegriffen* (S. 312–320). München: Psychologie Verlags Union.

Grüterich, I., Kanning, U.P. & Traphan, E. (2006). Selbstmanagement als Methode zur Transfersicherung in der Personalentwicklung. *Zeitschrift für Polizei und Wissenschaft, 4,* 2–11.

Guzzo, R.A., Jette, R.D. & Katzell, R.A. (1985). The effects of psychologically based intervention programs on worker productivity: A meta-analysis. *Personnel Psychology, 38,* 275–291. http://doi.org/10.1111/j.1744-6570.1985.tb00547.x

Halberstadt, A.G., Denham, S.A. & Dunsmore, J.C. (2001). Affective social competence. *Social Development, 10,* 79–119. http://doi.org/10.1111/1467-9507.00150

Heidbrink, M. & Kusenberg, K. (2007). Entwicklung von Führungskompetenzen im Senior-Management eines Industriekonzerns. In U.P. Kanning (Hrsg.), *Förderung sozialer Kompetenzen in der Personalentwicklung* (S. 181–195). Göttingen: Hogrefe.

Heller, K. (2002). Intelligenz: allgemein oder domain-spezifisch? *Zeitschrift für Personalpsychologie, 1,* 179–180.

Henning-Thurau, T. & Thurau, C. (1999). Sozialkompetenz als vernachlässigter Untersuchungsgegenstand des (Dienstleistungs-)Marketing. *Marketing, 4,* 297–311.

Hinsch, R. & Pfingsten, U. (2007). *Gruppentraining sozialer Kompetenzen (GSK): Grundlagen, Durchführung, Materialien* (5. Aufl.). Weinheim: Psychologie Verlags Union.

Hinsch, R. & Wittmann, S. (2010). *Soziale Kompetenzen kann man lernen* (2. Aufl.). Weinheim: Psychologie Verlags Union.

Homburg, C. (2012). *Kundenzufriedenheit: Konzepte, Methoden, Erfahrungen*. Wiesbaden: Gabler. http://doi.org/10.1007/978-3-8349-6835-7

Hopkins, M.M. & Bilimoria, D. (2008). Social and emotional competencies predicting success for male and female executives. *Journal of Management Development, 27,* 13–35. http://doi.org/10.1108/02621710810840749

Hossiep, R. & Krüger, C. (2012). *Bochumer Inventar zur berufsbezogenen Persönlichkeitsbescheibung – 6 Faktoren (BIP-6F)*. Göttingen: Hogrefe.

Hossiep, R., Paschen, M. & Mühlhaus, O. (2003). *Bochumer Inventar zur berufsbezogenen Persönlichkeitsbescheibung (BIP)* (2., vollst. überarb. Aufl.). Göttingen: Hogrefe.

Jansen, A., Melchers, K.G. & Kleinmann, M. (2012). Der Beitrag sozialer Kompetenz zur Vorhersage beruflicher Leistung. Inkrementelle Validität sozialer Kompetenz gegenüber der Leistung im Assessment-Center und im Interview. *Zeitschrift für Arbeits- und Organisationspsychologie, 56,* 87–97. http://doi.org/10.1026/0932-4089/a000077

Johnson, S.K., Murphy, S.E., Zewdie, S. & Reichard, R.J. (2008). The strong, sensitive type: Effects of gender stereotypes and leadership prototypes on the evaluation of male and female leaders. *Organizational Behavior and Human Decision Processes, 106,* 39–60. http://doi.org/10.1016/j.obhdp.2007.12.002

Jones, K. & Day, J.D. (1997). Discrimination of two aspects of cognitive-social intelligence from academic intelligence. *Journal of Educational Psychology, 89,* 486–497. http://doi.org/10.1037/0022-0663.89.3.486

Jordan, P.J., Murray, J.P. & Lawrence, S.A. (2009). The application of emotional intelligence in industrial and organizational psychology. In C. Stough D.H. Saklofske & J.D.A. Parker (Eds.), *Assessing Emotional Intelligence: Theory, research, and applications* (pp. 171–190). New York: Springer.

Judge, T.A., Bono, J.E., Ilies, R. & Gerhardt, M.W. (2002). Personality and leadership: A qualitative and quantitative review. *Journal of Applied Psychology, 87,* 765–780. http://doi.org/10.1037/0021-9010.87.4.765

Judge, T.A., Heller, D. & Mount, M.K. (2002). Five-factor model of personality and job satisfaction: A meta-analysis. *Journal of Applied Psychology, 87,* 530–541. http://doi.org/10.1037/0021-9010.87.3.530

Kammhuber, S. & Müller, H.-M. (2007). Training interkultureller Kompetenzen. In U.P. Kanning (Hrsg.), *Förderung sozialer Kompetenzen in der Personalentwicklung* (S. 239–237). Göttingen: Hogrefe.

Kanfer, F.H., Reinecker, H. & Schmelzer, D. (2000). *Selbstmanagement-Therapie.* Berlin: Springer. http://doi.org/10.1007/978-3-662-09851-6

Kanning, U.P. (1999). *Die Psychologie der Personenbeurteilung.* Göttingen: Hogrefe.

Kanning, U.P. (2001). *Psychologie für die Praxis: Perspektiven einer nützlichen Forschung und Ausbildung.* Göttingen: Hogrefe.

Kanning, U.P. (2002a). Soziale Kompetenz: Definition, Strukturen und Prozesse. *Zeitschrift für Psychologie, 210,* 154–163. http://doi.org/10.1026//0044-3409.210.4.154

Kanning, U.P. (2002b). Soziale Kompetenzen von Polizeibeamten. *Polizei und Wissenschaft, 3,* 18–30.

Kanning, U.P. (2003). Computergestützte Messung sozialer Kompetenzen in der Personalauswahl. In T. Stäudel (Hrsg.), *Wirtschaftspsychologie: Ein Fach etabliert sich. Bericht über die 9. Tagung der Gesellschaft für angewandte Wirtschaftspsychologie 2003, Hochschule Harz Wernigerode.* (S. 7–17). Hochschule Harz: Harzer Hochschultexte.

Kanning, U.P. (2004). *Standards der Personaldiagnostik.* Göttingen: Hogrefe.

Kanning, U.P. (Hrsg.). (2007). *Förderung sozialer Kompetenzen in der Personalentwicklung.* Göttingen: Hogrefe.

Kanning, U.P. (2008). Videogestützte Situational Judgment Tests – Ergebnisse zweier Studien. In W. Sarges & D. Scheffer (Hrsg.), *Innovative Personaldiagnostik* (S. 87–96). Göttingen: Hogrefe.

Kanning, U.P. (2009a). *Inventar sozialer Kompetenzen (ISK).* Göttingen: Hogrefe.

Kanning, U.P. (2009b). *Diagnostik sozialer Kompetenzen* (2. Aufl.). Göttingen: Hogrefe.

Kanning, U.P. (2011). *Inventar zur Messung der Glaubwürdigkeit in der Personalauswahl (IGIP).* Göttingen: Hogrefe.

Kanning, U.P. (2013a). Situational Judgment Tests. In W. Sarges (Hrsg.), *Managementdiagnostik* (S. 637–642). Göttingen: Hogrefe.

Kanning, U.P. (2013b). Testverfahren in der Personalarbeit – Teil 1: Varianten und Probleme. *Personal Manager, 1,* 36–39.

Kanning, U.P. (2013c). Testverfahren in der Personalarbeit – Teil 2: Auswahl und Einsatz. *Personal Manager, 2,* 38–41.

Kanning, U.P. (2013d). *Wenn Manager auf Bäume klettern: Mythen der Personalentwicklung und Weiterbildung.* Lengerich: Pabst.

Kanning, U.P. (2013e). Coaching zwischen Profession und Konfession. *Coaching Magazin, 2,* 46–48.

Kanning, U.P. (2013f). Entwicklung und Implementierung eines Leistungsbeurteilungssystems. In L. von Rosenstiel, E. von Hornstein & S. Augustin (Hrsg.), *Change Management Praxisfälle: Veränderungsschwerpunkte Organisation, Team, Individuum* (S. 109–124). Heidelberg: Springer.

Kanning, U.P. (2014a). Prozess und Methoden der Personalentwicklung. In H. Schuler & U.P. Kanning (Hrsg.), *Lehrbuch der Personalpsychologie* (3. Aufl., S. 501–562). Göttingen: Hogrefe.

Kanning, U. P. (2014b). Soziale Kompetenzen. In J. Grabowski (Hrsg.), *Sinn und Unsinn von Kompetenzen: Fähigkeitskonzepte im Bereich von Sprache, Medien und Kultur* (S. 115–132). Opladen: Budrich.

Kanning, U. P. (2014c). *Inventar zur Messung sozialer Kompetenzen in Selbst- und Fremdbild (ISK-360°)*. Göttingen: Hogrefe.

Kanning, U. P. (2014d). Managementversagen – Eine diagnostische Perspektive. *Wirtschaftspsychologie, 3,* 13–20.

Kanning, U. P. (2014e). Mythos NLP. *Skeptiker, 3,* 118–127.

Kanning, U. P. (2015). *Personalauswahl zwischen Anspruch und Wirklichkeit: Eine wirtschaftspsychologische Analyse*. Berlin: Springer.

Kanning, U. P. (in Vorbereitung). Soziale Kompetenzen. In H.-W. Bierhoff & D. Frey (Hrsg.), *Sozialpsychologie. Enzyklopädie der Psychologie.* Göttingen: Hogrefe.

Kanning, U. P., Bergmann, N., Eble, V. & Gärtner, S. (2009). Bedeutung sozialer Kompetenzen des Servicepersonals für die Kundenzufriedenheit in drei verschiedenen Branchen. *Wirtschaftspsychologie, 11,* 52–58.

Kanning, U. P. & Fricke, P. (2013). Führungserfahrung – Wie nützlich ist sie wirklich? *Personalführung, 1,* 48–53.

Kanning, U. P., Grewe, K., Hollenberg, S. & Hadouche, M. (2006). From the subjects' point of view: Reactions to different types of situational judgement items. *European Journal of Psychological Assessment, 22,* 168–176.

Kanning, U. P., Hofer, S. & Schulze Willbrenning, B. (2004). *Professionelle Personenbeurteilung: Ein Trainingsmanual*. Göttingen: Hogrefe.

Kanning, U. P. & Kappelhoff, J. (2012). Sichtung von Bewerbungsunterlagen – Sind sportliche Aktivitäten ein Indikator für die soziale Kompetenz der Bewerber? *Wirtschaftpsychologie, 14* (4), 72–81.

Kanning, U. P., Möller, J. H., Kolev, N. & Pöttker, J. (2013). *Systematische Leistungsbeurteilung: Leitfaden für die HR- und Führungspraxis*. Stuttgart: Schäffer-Poeschel.

Kanning, U. P., Pöttker, J. & Klinge, K. (2008). *Personalauswahl. Ein Leitfaden für die Praxis*. Stuttgart: Schäffer-Poeschel.

Kanning, U. P. & Rustige, J. (2012). Vieles ist plausibel, weniges wirklich wichtig: Der Stellenwert von Feedbackregeln aus empirischer Sicht. *Personalführung, 5,* 24–30.

Kanning, U. P. & Schuler, H. (2014). Simulationsorientierte Verfahren der Personalauswahl. In H. Schuler & U. P. Kanning (Hrsg.), *Lehrbuch der Personalpsychologie* (3. Aufl., S. 215–256). Göttingen: Hogrefe.

Kanning, U. P. & Walter, M. (2003). Systematisches Training sozialer Kompetenzen. *Personalführung, 4,* 38–42.

Kanning, U. P. & Winter, B. (2004). Outdoor-Trainings zwischen Anspruch und Wirklichkeit: Exemplarische Evaluation eines Indoor- und eines Outdoor-Trainings zur Verbesserung der Teamfähigkeit. *Personalführung, 5,* 64–69.

Kanning, U. P. & Woike, J. (2015). Sichtung von Bewerbungsunterlagen: Ist soziales Engagement ein valider Indikator sozialer Kompetenzen? *Zeitschrift für Arbeits- und Organisationspsychologie, 59,* 1–15.

Kessler, J., Ehlen, P., Halber, M. & Bruckbauer, T. (1999). *Namen-Gesichter-Assoziationstest (NGA)*. Göttingen: Hogrefe.

Kihlstrom, J. F. & Cantor, N. (2011). Social Intelligence. In R. J. Sternberg (Ed.), *The Cambridge Handbook of intelligence* (pp. 564–581). New York: Cambridge University Press.

Kirkpatrick, D. L. (1960). Techniques for evaluating training programs. *Journal of the American Society of Training Directors, 14,* 13–18, 28–32.

Klein, H. J., Wesson, M. J., Hollenbeck, J. R. & Alge, B. J. (1999). Goal commitment and the goal-setting process: conceptual clarification and empirical synthesis. *Journal of Applied Psychology, 84,* 885–896. http://doi.org/10.1037/0021-9010.84.6.885

Kleingeld, A., van Mierlo, H. & Arends, L. (2011). The effect of goal setting on group Performance: A Meta-Analysis. *Journal of Applied Psychology, 96,* 1289–1304. http://doi.org/10.1037/a0024315

Kleinmann, M. (2013). *Assessment-Center* (2. Aufl.). Göttingen: Hogrefe.

Klinge, K., Rohmann, A. & Piontkowski, U. (2007). Culture awareness training: interkulturelle Erfahrungen mit synthetischen Kulturen. In U. P. Kanning (Hrsg.), *Förderung sozialer Kompetenzen in der Personalentwicklung* (S. 71–102). Göttingen: Hogrefe.

Kolev, N. (2013). *Political Skill – Freund oder Feind?* Münster: MV-Wissenschaft.

Koreimann, D. S. (2002). *Projektmanagement: Technik, Methodik, soziale Kompetenz.* Heidelberg: Sauer.

Kosmitzki, C. & John, O. P. (1993). The implicit use of explicit conceptions of social intelligence. *Personality and Individual Differences, 15,* 11–23. http://doi.org/10.1016/0191-8869(93)90037-4

Krause, G. (1999). Soziale Kompetenz als Ressource – Beiträge der 1. Phase der Lehrerausbildung zur Burnoutprävention. In C. Enders (Hrsg.), *Lebensraum – Lebenstraum – Lebenstrauma Schule* (S. 142–149). Bonn: Deutscher Psychologen Verlag.

Kühl, S. (2005). Das Scharlatanerieproblem. *Coaching zwischen Qualitätsproblemen und Professionalisierungsbemühungen.* Köln: Deutsche Gesellschaft für Supervision e. V.

Kühlmann, T. M. (2004). *Auslandseinsatz von Mitarbeitern.* Göttingen: Hogrefe.

Lenske, W. & Werner, D. (2009). *Umfang, Kosten und Trends der betrieblichen Weiterbildung – Ergebnisse der IW-Weiterbildungserhebung 2008.* Zugriff am 30. 06. 2011. Verfügbar unter http://www.iwkoeln.de/Studien/IWTrends/tabid/148/articleid/23596/Default.aspx

Liepmann, D. & Beauducel, A. (2011). *Verkaufs-Vertriebs-Kompetenz-Inventar (VVKI). Deutsche Version des PASAT 2000.* Göttingen: Hogrefe.

Lievens, F. & Chan, D. (2010). Practical intelligence, emotional intelligence, and social intelligence. In J. L. Farr & N. T. Tippins (Eds.), *Handbook of employee selection* (pp. 339–359). New York: Routledge.

Litzcke, S., Schuh, H. & Pletke, M. (2013). *Stress, Mobbing und Burnout am Arbeitsplatz* (6. Aufl.). Heidelberg: Springer. http://doi.org/10.1007/978-3-642-28624-7

Lohaus, D. & Schuler, H. (2014). Leistungsbeurteilung. In H. Schuler & U. P. Kanning (Hrsg.), *Lehrbuch der Personalpsychologie* (3. Aufl., S. 357–411). Göttingen: Hogrefe.

Machin, M. A. (2002). Planning, managing, and optimizing transfer of training. In K. Kraiger (Ed.), *Creating, implementing, and managing effective training and development* (pp. 263–301). San Francisco, CA: Jossey Bass.

Mangels, P. (1995). Nur derjenige, der selbst sozial kompetent ist, kann auch soziale Kompetenz vermitteln. In B. Seyfried (Hrsg.), *Stolperstein Sozialkompetenz. Was macht es so schwierig sie zu erfassen, zu fördern und zu beurteilen?* (Berichte zur Beruflichen Bildung, Bd. 179, S. 53–66). Bielefeld: Bertelsmann.

Marlowe, H. A. (1986). Social intelligence: Evidence for multidimensionality and construct independence. *Journal of Educational Psychology, 78,* 52–58. http://doi.org/10.1037/0022-0663.78.1.52

McFall, M. (1982). A review and reformulation of the comcept of social skills. *Behavioral Assessment, 4,* 1–33.

McKenna, D. D. & Davis, S. L. (2009). Hidden in plain sight: The active ingredients of executive coaching. *Industrial and Organizational Psychology, 2,* 244–260. http://doi.org/10.1111/j.1754-9434.2009.01143.x

Miller, G. A., Galanter, E. & Pribram, K. H. (1960). *Plans and the structure of behavior*. New York: Holt. http://doi.org/10.1037/10039-000

Möller, J. (2010). *Kundenorientierung im Hotelfach: Die Validierung und Entwicklung eines Situational Judgment Tests*. Münster: MV-Wissenschaft.

Moss, F. A., Hunt, T., Omwake, K. T. & Ronning, M. M. (1927). *Social Intelligence Test*. Washington, DC: Center for Psychological Service.

Motowidlo, S. J., Dunnette, M. D. & Carter, G. W. (1990). An alternative selection procedure: The low-fidelity simulation. *Journal of Applied Psychology, 75,* 640–647. http://doi.org/10.1037/0021-9010.75.6.640

Müller, S. (1999). Soziale Kompetenz bei Finanzdienstleistern – die Gewinnung von Mitarbeitern mit verkäuferischem Potential. In L. Fischer, T. Kutsch & E. Stephan (Hrsg.), *Finanzpsychologie* (S. 407–428). München: Oldenbourg.

Mummendey, H. D. (1995). *Psychologie der Selbstdarstellung*. Göttingen: Hogrefe.

Nerdinger, F. W. (2014). Motivierung. In H. Schuler & U. P. Kanning (Hrsg.), *Lehrbuch der Personalpsychologie* (3. Aufl., S. 725–764). Göttingen: Hogrefe.

Neubert, M. J. (1998). The value of Feedback and goals setting over goal setting alone and potential moderators of this effect. A meta-analysis. *Human Performance, 11,* 321–335. http://doi.org/10.1207/s15327043hup1104_2

Nguyen, N. T., Biderman, M. D. & McDaniel, M. A. (2005). Effects of response instruction on faking a situational judgment test. *International Journal of Selection and Assessment, 13,* 250–260. http://doi.org/10.1111/j.1468-2389.2005.00322.x

O'Boyle, E. H. jr., Humphrey, R. H., Pollack, J. M., Hawver, T. H. & Story, P. A. (2011). The relation between emotional intelligence and job performance: A meta-analysis. *Journal of Organizational Behavior, 32,* 788–818. http://doi.org/10.1002/job.714

Obermann, K. & Weber, E. (1997). *Frauensprache – Männersprache: Die verschiedenen Kommunikationsstile von Männern und Frauen*. Landsberg am Lech: mvg.

Ones, D. S. & Dilchert, S. (2009). How special are executives? How special should executives selection be? Observations and recommendations. *Industrial and Organizational Psychology, 2,* 163–170. http://doi.org/10.1111/j.1754-9434.2009.01127.x

Ones, D. S. & Viswesvaran, C. (1998). The effects of social desirability and faking on personality and integrity assessment for personnel selection. *Human Performance, 11,* 245–269. http://doi.org/10.1080/08959285.1998.9668033

Ostendorf, F. & Angleitner, A. (2004). *NEO-Persönlichkeitsinventar nach Costa und McCrae, Revidierte Form (NEO-PI-R)*.Göttingen: Hogrefe.

O'Sullivan, M. & Guilford, J. P. (1966). *Six factor test of social intelligence*. Beverly Hills, CA: Sheridian Psychological Services.

Petty, R. E. & Brinol, P. (2012). The elaboration likelihood model. In P. A. M. van Lange, A. W. Kruglanski & E. T. Higgins (Eds.), *Handbook of theories of social psychology* (Vol. 1, pp. 224–245). Thousand Oaks, CA: Sage.

Quinones, M. A., Ford, J. K. & Teachout, M. S. (1995). The relationship between work experience and job performance: A conceptual and meta-analytic review. *Personnel Psychology, 48,* 887–910. http://doi.org/10.1111/j.1744-6570.1995.tb01785.x

Rauen, C. (2011). *Coaching-Tools* (7. Aufl.). Bonn: Managerseminare.

Rauen, C. & Eversmann, J. (2014). Coaching. In H. Schuler & U. P. Kanning (Hrsg.), *Lehrbuch der Personalpsychologie* (3. Aufl., S. 563–606). Göttingen: Hogrefe.

Regnet, E. (2007). *Konflikt und Kooperation*. Göttingen: Hogrefe.

Reschke, K. (1995). Soziale Kompetenz entwickeln – Ressourcen entdecken helfen. Interventive Forschung auf der Basis des Kompetenzmodells von Vorwerg & Schröder (1980). In J. Margraf & K. Rudolf (Hrsg.), *Training sozialer Kompetenz* (S. 205–228). Baltmannsweiler: Röttger-Schneider.

Riemann, R. & Allgöwer, A. (1993). Eine deutschsprachige Fassung des „Interpersonal Competence Questionnaire" (ICQ). *Zeitschrift für Differentielle und Diagnostische Psychologie, 14,* 153–163.

Riggio, R. E. (1986). Assessment of basic social skills. *Journal of Personality and Social Psychology, 51,* 649–660. http://doi.org/10.1037/0022-3514.51.3.649

Riggio, R. E. (2010). Emotional intelligence and interpersonal competencies. In M. G. Rithstein & R. J. Burke (Eds.), *Self-management and leadership development* (pp. 160–182). Northampton, MA: Edward Elgar Publishing.

Rosenstiel, L. von (1999). Entwicklung von Werthaltungen und interpersonaler Kompetenz – Beiträge der Sozialpsychologie. In K. Sonntag (Hrsg.), *Personalentwicklung in Organisationen. Psychologische Grundlagen, Methoden und Strategien* (S. 99–122). Göttingen: Hogrefe.

Rosenstiel, L. von (2014). Die Bedeutung von Arbeit. In H. Schuler & U. P. Kanning (Hrsg.), *Lehrbuch der Personalpsychologie* (3. Aufl., S. 25–57). Göttingen: Hogrefe.

Rosenstiel, L. von & Kaschube, J. (2014). Führung. In H. Schuler & U. P. Kanning (Hrsg.), *Lehrbuch der Personalpsychologie* (3. Aufl., S. 677–724). Göttingen: Hogrefe.

Ryschka, J., Solga, M. & Mattenklott, A. (2011). *Praxishandbuch Personalentwicklung: Instrumente, Konzepte, Beispiele* (3. Aufl.). Wiesbaden: Gabler. http://doi.org/10.1007/978-3-8349-6384-0

Salas, E., Tannenbaum, S. I., Kraiger, K. & Smith-Jentsch, K. A. (2012). The science of training and development in organizations: What matters in practice. *Psychological Science in the Public Interest, 13,* 74–101. http://doi.org/10.1177/1529100612436661

Salgado, J. F. (1997). The five factor model of personality and job performance in the European Community. *Journal of Applied Psychology, 82,* 30–43. http://doi.org/10.1037/0021-9010.82.1.30

Salovey, P. & Mayer, J. D. (1990). Emotional Intelligence. *Imagination, cognition and personality, 9,* 185–211. http://doi.org/10.2190/DUGG-P24E-52WK-6CDG

Salovey, P., Mayer, J. D., Goldman, S. L., Turvey, C. & Palfai, T. P. (1995). Emotional attention, clarity, and repair: Exploring emotional intelligence using the trait meta-mood-scale. In J. W. Pennebaker (Ed.), *Emotion, disclosure, and health* (pp. 125–144). Washington, DC: American Psychological Association.

Schaufler, B. (2000). *Frauen in Führung: Von Kompetenzen, die erkannt und genutzt werden wollen.* Bern: Huber.

Scherm, M. & Sarges, W. (2002). *360°-Feedback.* Göttingen: Hogrefe.

Schmidt, F. L. & Hunter, J. E. (1998). The validity and utility of selection methods in personnel psychology: practice and theoretical implications of 85 years of research findings. *Psychological Bulletin, 124,* 262–274. http://doi.org/10.1037/0033-2909.124.2.262

Schmidt, J. U. (1995). Psychologische Meßverfahren für soziale Kompetenzen. In B. Seyfried (Hrsg.), *Stolperstein Sozialkompetenz. Was macht es so schwierig sie zu erfassen, zu fördern und zu beurteilen?* (Berichte zur Beruflichen Bildung, Bd. 179, S. 117–135). Bielefeld: Bertelsmann.

Scholz, G. & Schuler, H. (1993). Das nomologische Netzwerk des Assessment-Centers: Eine Metaanalyse. *Zeitschrift für Arbeits- und Organisationspsychologie, 37,* 73–85.

Schuler, H. (2002). Emotionale Intelligenz – ein irreführender und unnötiger Begriff. *Zeitschrift für Personalpsychologie, 1,* 138–140.

Schuler, H. (Hrsg.). (2007). *Assessment Center zur Potentialanalyse*. Göttingen: Hogrefe.

Schuler, H. (2014a). Arbeits- und Anforderungsanalyse. In H. Schuler & U.P. Kanning (Hrsg.), *Lehrbuch der Personalpsychologie* (3. Aufl., S. 61–97). Göttingen: Hogrefe.

Schuler, H. (2014b). *Psychologische Personalauswahl*. Göttingen: Hogrefe.

Schuler, H. (2014c). Biographieorientierte Verfahren der Personalauswahl. In H. Schuler & U.P. Kanning (Hrsg.), *Lehrbuch der Personalpsychologie* (3. Aufl., S. 257–299). Göttingen: Hogrefe.

Schuler, H. & Barthelme, D. (1995). Soziale Kompetenz als berufliche Anforderung. In B. Seyfried (Hrsg.), *Stolperstein Sozialkompetenz. Was macht es so schwierig sie zu erfassen, zu fördern und zu beurteilen?* (Berichte zur Beruflichen Bildung, Bd. 179, S. 77–116). Bielefeld: Bertelsmann.

Schuler, H., Hell, B., Trapmann, S., Schaar, H. & Boramir, I. (2007). Die Nutzung psychologischer Verfahren der externen Personalauswahl in deutschen Unternehmen. *Zeitschrift für Personalpsychologie, 6,* 60–70. http://doi.org/10.1026/1617-6391.6.2.60

Schuler, H., Höft, S. & Hell, B. (2014). Eigenschaftsorientierte Verfahren der Personalauswahl. In H. Schuler & U.P. Kanning (Hrsg.), *Lehrbuch der Personalpsychologie* (3. Aufl., S. 149–213). Göttingen: Hogrefe.

Schuler, H. & Prochaska, M. (2001). *Leistungsmotivationsinventar (LMI)*. Göttingen: Hogrefe.

Schulte, M. (2007). Telefoniertrainings im Rahmen moderner Personalentwicklung. In U.P. Kanning (Hrsg.), *Förderung sozialer Kompetenzen in der Personalentwicklung* (S. 117–139). Göttingen: Hogrefe.

Sieben, B. (2003). Emotionale Intelligenz: Die Tücken eines Trends. *Zeitschrift für Personalpsychologie, 2,* 26–28.

Spitzberg, B.H. & Dillard, P. (2002). Social skills and communication. In M. Allen, R.W. Preiss, B.M. Gaye & N.M. Burrell (Eds.), *Interpersonal communication research: Advances through meta-analysis* (pp. 89–107). Mahwah, NJ: Erlbaum.

Stahl, E., Zahn, C. & Seidel, T. (2007). Videobasierte Lernsoftware zur Förderung kommunikativer Kompetenzen. In U.P. Kanning (Hrsg.), *Förderung sozialer Kompetenzen in der Personalentwicklung* (S. 37–69). Göttingen: Hogrefe.

Stegmaier, R. (2014). Management von Veränderungsprozessen. In H. Schuler & U.P. Kanning (Hrsg.), *Lehrbuch der Personalpsychologie* (3. Aufl., S. 813–845). Göttingen: Hogrefe.

Steinmayer, R., Schütz, A., Hertel, J. & Schröder-Abé, M. (2011). *Mayer-Salovey-Caruso Test zur Emotionalen Intelligenz (MSCEIT). Deutschsprachige Adaptation des Mayer-Salovey-Caruso Emotional Intelligence Test (MSCEIT™) von John D. Mayer, Peter Salovey & David R. Caruso*. Bern: Huber.

Sternberg, R. (1985). *Beyond IQ: A triarchic theory of human intelligence*. Cambridge, UK: Cambridge University Press.

Sternberg, R.J. & Smith, L. (1985). Social intelligence and decoding skills in nonverbal communication. *Social Cognition, 3,* 168–192. http://doi.org/10.1521/soco.1985.3.2.168

Stough, C., Saklofske, D.H. & Parker, D.A. (2009a). A brief analysis of 20 years of emotional intelligence. An introduction to assessing emotional intelligence. In C. Stough, D.H. Saklofske & D.A. Parker (Eds.), *Assessing emotional intelligence: Theory, research, and applications* (pp. 3–8). New York: Springer.

Stough, C., Saklofske, D.H. & Parker, D.A. (Eds.). (2009b). *Assessing emotional Intelligence: Theory, research, and applications* (pp. 171–190). New York: Springer.

Tajfel, H. (Ed.). (1978). *Differentiation between social groups*. London: Academic Press.

Taylor, P.J., Russ-Eft, D.F. & Chan, D.W.L. (2005). A meta-analytic review of behavior modeling training. *Journal of Applied Psychology, 90,* 692–709. http://doi.org/10.1037/0021-9010.90.4.692

Taylor, S.N. & Hood, J.N. (2010). It may not be what you think: Gender differences in predicting emotional and social competence. *Human Relations, 64,* 627–652. http://doi.org/10.1177/0018726710387950

Tett, R.P., Jackson, D.N. & Rothstein, M. (1991). Personality measures as predictors of job performance: A meta-analytic review. *Personnel Psychology, 44,* 703–742. http://doi.org/10.1111/j.1744-6570.1991.tb00696.x

Tewes, U., Rossmann, K. & Schallberger, U. (Hrsg.). (2000). *Hamburg-Wechsler-Intelligenztest für Kinder III (HAWIK-III).* Bern: Huber.

Theeboom, T., Beersma, B. & van Vianen, A.E.M. (2013). Does coaching work? A metaanalysis on the effects of coaching on individual level outcomesin an organizational context. *The Journal of Positive Psychology, 9,* 1–18.

Thielsch, M., Brandenburg, T. & Kanning, U.P. (2007). Umgang mit Kunden: Kundenzufriedenheit und Beschwerdemanagement. In U.P. Kanning (Hrsg.), *Förderung sozialer Kompetenzen in der Personalentwicklung* (S. 161–179). Göttingen: Hogrefe.

Thorndike, E.L. (1920). Intelligence and its use. *Harper's Magazine, 140,* 227–235.

Todd, S.Y., Harris, K.J., Harris, R.B. & Wheeler, A.R. (2009). Career success implications of political skill. *Journal of Social Psychology, 149,* 179–204. http://doi.org/10.3200/SOCP.149.3.279-304

van Dick, R. & West, M.A. (2005). *Teamwork, Teamdiagnose, Teamentwicklung.* Göttingen: Hogrefe.

Vogelauer, W. (2011). *Methoden-ABC im Coaching. Praktisches Handwerkszeug für den erfolgreichen Coach.* (6. Aufl.). Neuwied: Luchterhand.

Walter, M. & Kanning, U.P. (2003). Wahrgenommene soziale Kompetenzen von Vorgesetzten und Mitarbeiterzufriedenheit. *Zeitschrift für Arbeits- und Organisationspsychologie, 47,* 152–157.

Waters, E. & Sroufe, L.A. (1983). Social competence as a developmental construct. *Developmental Review, 3,* 79–97. http://doi.org/10.1016/0273-2297(83)90010-2

Weekley, J.A. & Jones, C. (1997). Video-based situational testing. *Personnel Psychology, 50,* 25–49. http://doi.org/10.1111/j.1744-6570.1997.tb00899.x

Weekley, J.A. & Ployhart, R.E. (Eds.). (2006). *Situational Judgment Tests: Theory, measurement and applications.* Mahwah, NJ: Erlbaum.

Wegge, J. (2014). Gruppenarbeit und Management von Teams. In H. Schuler & U.P. Kanning (Hrsg.). *Lehrbuch der Personalpsychologie* (3. Aufl., S. 501–562). Göttingen: Hogrefe.

Werpers, K. (2007). Konfliktmanagement in Organisationen. In U.P. Kanning (Hrsg.), *Förderung sozialer Kompetenzen in der Personalentwicklung* (S. 197–213). Göttingen: Hogrefe.

Westermann, F. & Birkhan, G. (2012). Managementversagen und Derailment. In W. Sarges (Hrsg.), *Managementdiagnostik* (4. Aufl., S. 969–978).

Witt, L.A. & Ferris, G.R. (2003). Social skill as moderator of the conscientiousness-performance relationship: Convergent results across four studies. *Journal of Applied Psychology, 88,* 809–820. http://doi.org/10.1037/0021-9010.88.5.809

Mit überarbeitetem Reihenkonzept!

# Praxis der Personalpsychologie

Herausgegeben von Heinz Schuler · Rüdiger Hossiep · Martin Kleinmann · Jörg Felfe

**Band 30:** 2014, VII/129 Seiten, ISBN 978-3-8017-2388-0

**Band 29:** 2014, VI/138 Seiten, ISBN 978-3-8017-2086-5

**Band 28:** 2013, VI/138 Seiten, ISBN 978-3-8017-2477-1

## Weitere Bände der Reihe:

Scherm/Sarges **360°-Feedback** ISBN 978-3-8017-1483-3 · Rauen **Coaching** ISBN 978-3-8017-2137-4 · Nerdinger **Kundenorientierung** ISBN 978-3-8017-1476-5 · van Dick **Commitment und Identifikation mit Organisationen** ISBN 978-3-8017-1713-1 Kühlmann **Auslandseinsatz von Mitarbeitern** ISBN 978-3-8017-1495-6 · Rummel/Rainer/Fuchs **Alkohol im Unternehmen** ISBN 978-3-8017-1885-5 · van Dick/West **Teamwork, Teamdiagnose, Teamentwicklung** ISBN 978-3-8017-2481-8 Hossiep/Mühlhaus **Personalauswahl und -entwicklung mit Persönlichkeitstests** ISBN 978-3-8017-1490-1 · Kanning **Soziale Kompetenzen** ISBN 978-3-8017-1775-9 · Becker/Kramarsch **Leistungs- und erfolgsorientierte Vergütung für Führungskräfte** ISBN 978-3-8017-1928-9 · Schmidt/Kleinbeck **Führen mit Zielvereinbarung** ISBN 978-3-8017-1491-8 · Schuler/Görlich **Kreativität** ISBN 978-3-8017-2028-5 · Regnet **Konflikt und Kooperation** ISBN 978-3-8017-1737-7 · Nerdinger **Unternehmensschädigendes Verhalten erkennen und verhindern** ISBN 978-3-8017-1971-5 · Hossiep/Bittner/Berndt **Mitarbeitergespräche – motivierend, wirksam, nachhaltig** ISBN 978-3-8017-1717-9 · Kals/Ittner **Wirtschaftsmediation** ISBN 978-3-8017-2016-2 · Lohaus **Leistungsbeurteilung** ISBN 978-3-8017-2090-2 · Krumm/Schmidt-Atzert **Leistungstests im Personalmanagement** ISBN 978-3-8017-2080-3 · Felfe **Mitarbeiterführung** ISBN 978-3-8017-2082-7 · Felser **Personalmarketing** ISBN 978-3-8017-1723-0 · Freimuth **Moderation** ISBN 978-3-8017-1969-2 · Lohaus **Outplacement** ISBN 978-3-8017-2210-4 · Krause **Trends in der internationalen Personalauswahl** ISBN 978-3-8017-1473-4 · Collatz/Gudat **Work-Life-Balance** ISBN 978-3-8017-2326-2 · Raeder/Grote **Der psychologische Vertrag** ISBN 978-3-8017-2009-4 · Krumm/Mertin/Dries **Kompetenzmodelle** ISBN 978-3-8017-2392-7 · Kleinmann **Assessment-Center** ISBN 978-3-8017-2484-9

## Die Reihe zur Fortsetzung bestellen:

Bestellen Sie jetzt die Reihe **»Praxis der Personalpsychologie«** zur Fortsetzung und Sie erhalten alle Bände automatisch nach Erscheinen zum günstigen Fortsetzungspreis von je **€ 19,95 / CHF 28,50**. Sie sparen mehr als **20%** gegenüber dem Einzelpreis von **€ 24,95 / CHF 35,50**. Die Bände sind ebenfalls als **E-Book** zum Preis von je **€ 21,99 / CHF 30,–** unter **www.hogrefe.de/ebookshop** erhältlich.

**Hogrefe Verlag GmbH & Co. KG**
Merkelstraße 3 · 37085 Göttingen · Tel.: (0551) 99950-0 · Fax: -111
E-Mail: verlag@hogrefe.de · Internet: www.hogrefe.de